2141

TÉLÉPHONE
MICROPHONE ET RADIOPHONE

Station centrale du *Merchant's Téléphone Exchange* à New-York.

BIBLIOTHÈQUE DES ACTUALITÉS INDUSTRIELLES
— N° 2 —

LE TÉLÉPHONE

LE MICROPHONE ET LE RADIOPHONE

PAR

Théodore SCHWARTZE

ÉDITION FRANÇAISE PAR Georges FOURNIER

Chimiste électricien

Avec 119 figures dans le texte

PARIS

BERNARD TIGNOL, EDITEUR

45, QUAI DES GRANDS-AUGUSTINS

1885

PRÉFACE DE L'ÉDITION ALLEMANDE

La loi physique universelle de la conservation de l'énergie se montre d'une manière des plus frappantes sur le terrain de la Téléphonie, de la Microphonie et de la Radiophonie. L'enchaînement des relations entre les ondulations sonores, les vibrations moléculaires et les courants électriques ne fait plus doute aujourd'hui; elle a servi à répandre quelque lumière sur certains phénomènes qui, pour nos connaissances, demeuraient encore dans l'obscurité.

Ceci suffit pour expliquer l'intérêt considérable qu'éprouvent à parcourir ce domaine, non seulement l'ingénieur-électricien, mais encore le physicien en général.

Puisse cet ouvrage, par les nombreux documents qu'il renferme, être non seulement pour le praticien un guide dans lequel il puisse avoir confiance, mais encore, ne serait-ce que d'une manière modeste, servir de point de départ à de nouvelles recherches.

TH. SCHWARTZE.

PRÉFACE DU TRADUCTEUR

Le Téléphone, bien qu'une des plus récentes applications de l'Électricité, en est certainement la plus répandue. A peine connu depuis quelques années, il s'est propagé dans le monde entier, et son utilité devient chaque jour plus indispensable, autant aux personnes pour lesquelles « *Times is Money* », qu'à celles qui ne considèrent cet admirable instrument qu'au point de vue de la commodité et de l'agrément. On comprend facilement combien les perfectionnements à introduire dans cette voie nouvelle ont dû exciter l'esprit inventif des électriciens, et pourquoi il se produit chaque année un si grand nombre d'appareils et de systèmes téléphoniques divers. Le livre de M. Schwartze est sans doute l'ouvrage le plus complet qui traite de cette matière. Nous en donnons ici la traduction littérale, à laquelle nous avons ajouté sous forme de notes, quelques renseignements théoriques et pratiques, qui augmenteront encore, nous l'espérons, l'intérêt que le lecteur trouvera certainement à parcourir ce nouveau volume de la Bibliothèque des actualités industrielles.

Georges Fournier.

TABLE DES MATIÈRES

Les rapports téléphoniques en général, leur commodité et leur utilité.

Communications téléphoniques par câbles sous-marins, conversations téléphoniques à grandes distances. — Stations centrales téléphoniques à Berlin et dans d'autres grandes villes. — Télégraphie téléphonique en Amérique pour l'usage des particuliers, le service de la police et celui des incendies.

Le téléphone au service des plongeurs sous-marins, de la science médicale et des sciences physiques. — Premiers essais pour la découverte du téléphone, Hooke et Wheatstone. — Le téléphone à ficelle. — La théorie des sons par Helmholtz. — Découverte des sons galvaniques. — Découverte du téléphone galvano-électrique de Reis et du téléphone magnéto-électrique de Bell. — Renforcement de l'action du récepteur téléphonique par la découverte d'Édison du téléphone à charbons. — La découverte du microphone par Hughes. — La radiophonie, c'est-à-dire le transport des ondes sonores par les rayons lumineux.

Conducteur et non conducteur. — Élément galvanique et batterie galvanique. — Constantes des éléments galvaniques. — Circuit. — Différence de potentiel. — Résistance. — Force électromotrice. — Loi d'Ohm. — Disposition des éléments en quantité et intensité. — Induction. — Électro-aimants.

TABLE DES GRAVURES

INTRODUCTION

Exposé historique du téléphone.

La téléphonie, c'est-à-dire l'art de transmettre au loin la parole, forme une branche qui, bien que subordonnée à la télégraphie électrique, est cependant très importante et très intéressante sous beaucoup de rapports.

Par l'emploi de la téléphonie, le domaine de la télégraphie électrique a pris dans diverses directions une extension considérable, car aux grands rapports télégraphiques que réclament aujourd'hui le commerce du monde ainsi que les rapports économiques et politiques des peuples, est venu se joindre ce moyen si commode pour les relations de moindre importance, et des plus désirables pour satisfaire à la multiplicité de nos rapports de commerce et de société.

La téléphonie permet à tous, et de la manière la plus commode et la plus convenable, de communiquer électriquement sans étude spéciale, tandis que la grande télégraphie électrique réclame des employés parfaitement au courant. Au lieu d'un assemblage d'appareils fort savamment construits, mais très difficiles à employer pour le vulgaire, dont se sert la grande télégraphie, la téléphonie n'emploie au contraire que des instruments très simples dont l'usage n'exige aucun exercice particulier, et établit, par la simple parole, la communication directe avec les personnes au loin. Le téléphone satisfait si bien aux besoins de nos communications, qu'on ne saurait imaginer un moyen plus commode et plus convenable. Enfin le téléphone peut servir à des usages divers, dans le commerce, dans l'armée, dans la médecine et dans la science.

Le motif qui fait que le téléphone ne peut être employé, pour les communications lointaines, que sur une échelle beaucoup plus restreinte que le télégraphe électrique, réside en ce que ce dernier est un appareil mécanique, dont les forces agissantes peuvent être augmentées dans de certaines limites, tandis que le téléphone demande à être construit comme un instrument de physique des plus sensibles, sur lequel doivent produire une impression même les plus faibles variations de courant susceptibles de traverser ses conducteurs. Ainsi donc si déjà les appareils télégraphiques se laissent facilement déranger par des influences qui agissent sur leur circuit, et sont par suite incapables de remplir par moments leurs fonctions, combien plus souvent et d'une façon plus grave sera-ce le cas avec les téléphones, qui, dans des circonstances identiques, supportent moins facilement un dérangement dans leur fonctionnement et refusent tout service au moment où on s'y attend le moins. Pour ce motif, l'emploi du téléphone est très incertain pour une distance de 15 à 20 kilomètres, même dans des conditions d'installation parfaites, et la même incertitude existe dans son application à des distances encore plus courtes, par suite de l'influence de circonstances défavorables qui se répètent assez souvent. Toutefois il a été constaté par des essais, que l'audition téléphonique peut, dans des circonstances particulières et favorables, se produire jusqu'à de très longues distances et même à travers des câbles sous-marins, mais naturellement on ne peut en pareil cas compter avec certitude sur la régularité des communications.

Ainsi, par exemple, en l'année 1878, Sainte-Marguerite (de la côte d'Angleterre) et Sangate (de la côte de France) ont été réunis par le téléphone au moyen du câble sous-marin, et des résultats satisfaisants ont été obtenus. La même chose a eu lieu dans des expériences qui ont été faites entre Brest et Penzance (ville méridionale d'Angleterre). A l'occasion de l'Exposition d'électricité de Munich (1882), on a fait des essais téléphoniques sur une distance de 540 kilomètres, au moyen d'un circuit télégraphique allant de Dresde à Hof, que l'administration de l'empire allemand avait mis à la disposition des expérimentateurs, avec raccordement au circuit établi spécialement pour ces essais par l'administration royale de Bavière, et passant par Regensbourg et Bayreuth pour se diriger sur Hof.

Le 29 septembre, entre sept et huit heures du matin, on intercala sur cette ligne aérienne, à Munich, à Bayreuth et à Dresde des appareils téléphoniques de construction la plus récente. On ne put communiquer entre Dresde et Munich; cependant on pouvait entendre à Bayreuth les paroles prononcées à Munich. Pendant la durée entière de l'expérience on entendit continuellement dans les téléphones, des sons d'une force égale et d'une certaine élévation de l'origine desquels on n'a pu se rendre compte. Les expériences du 28 septembre entre sept et huit heures du matin avec Regenbourg (sur une distance de 137 kilomètres) donnèrent un bien meilleur résultat, ainsi que celles qui eurent lieu dans la nuit du

même jour, entre onze heures et minuit, avec Bayreuth
sur 282 kilomètres de distance; on put communiquer
très distinctement, malgré des bruits assez forts provenant des télégraphes voisins et des lignes électriques
pour les signaux des chemins de fer, que l'on entendait
dans les téléphones.

Avant ces expériences et déjà au mois de décembre
1877, à Dresde, on avait essayé d'employer en même
temps les appareils du télégraphe ordinaire (Morse) et
le téléphone dans la même direction, ce qui mit hors de
tout doute la possibilité d'employer de cette manière la
double télégraphie. D'autres expériences dans la même
voie furent faites en l'année 1879 par l'administration
télégraphique de l'empire, ainsi qu'en 1881 au chemin de
fer de Buschsterade sur une ligne de 126 kilomètres de
longueur, sur laquelle on avait intercalé, outre les téléphones, 24 stations télégraphiques. Le meilleur résultat a été atteint dans des expériences qui furent faites
en mai 1882 entre Bruxelles et Paris sur 310 kilomètres
de distance, car, bien que le circuit ne fût point favorable
à la téléphonie, on put très facilement communiquer
entre ces deux points en même temps, par l'appareil
télégraphique ordinaire du système Morse et par le
téléphone.

Sur les lignes allemandes, la téléphonie a été introduite plus tôt que partout ailleurs, pour l'usage des
communications administratives. Déjà en novembre
1877 la poste impériale allemande et l'administration
télégraphique établissaient des communications téléphoniques entre des localités de peu d'importance. Le
12 novembre 1877, la première administration des téléphones s'installa à Friedrichsberg, près Berlin. Au commencement de l'année 1882 le territoire postal allemand
comptait 1280 postes téléphoniques en pleine activité.

Tout en organisant l'établissement de téléphones dans de petites localités, l'administration des postes impériales s'occupait de l'installation de stations téléphoniques pour le trafic local des grandes villes.

La grande partie du public resta d'abord indifférente à ce nouveau mode de communications, et ce ne fut qu'après de fréquentes réclames, que l'on put réunir d'abord à Mulhouse, en Alsace, et ensuite à Berlin un nombre suffisant d'adhérents pour pouvoir commencer les stations téléphoniques. En avril 1881, on établit le téléphone dans la capitale de l'empire, mais il ne comptait que 87 souscripteurs, bien que l'établissement de Mulhouse fût déjà en activité depuis plusieurs mois. Il y eut cependant bientôt un revirement dans l'opinion publique concernant ce nouveau moyen de communications, et un an après, à Berlin par exemple, le nombre des conversations échangées par le téléphone entre particuliers augmentait de 6,000 chaque mois.

Les installations téléphoniques sont utilisées avec avantage, non seulement par les commerçants et les industriels, mais aussi par les particuliers. Tous les ministères de la capitale de l'empire, toutes les administrations de chemins de fer, ainsi que leurs bureaux et expéditions de marchandises, les bureaux de messageries, de nombreuses maisons d'expéditions, beaucoup de banques et de maisons de commerce, des fabriques, des librairies, des imprimeries, des rédactions de journaux, des avoués, des médecins, etc., sont inscrits sur le prospectus de Berlin comme souscripteurs à l'installation du téléphone.

Actuellement dans la plupart des villes d'Allemagne, des stations téléphoniques sont en activité, et d'autres villes sont sur le point de les installer; car il n'est actuellement aucune grande ville qui veuille ou puisse se passer de ce moyen de communications on ne peut plus commode. Déjà au commencement de l'année 1882, l'administration des postes de l'empire avait reçu d'un grand nombre de petites villes des propositions pour l'organisation du téléphone.

Quant au développement du réseau téléphonique, Berlin tient la tête sur toutes les autres villes allemandes. Les fils pour le service du téléphone atteignaient, au commencement de l'année 1882, la longueur considérable de 1.554 kilomètres. Hambourg vient ensuite avec 911 kilomètres, puis Breslau avec 200 kilomètres, etc. Pour soutenir les fils de fer il y avait à Berlin 2,148 poteaux, à Hambourg 964 posés sur les toitures ou les pignons des maisons, et le plus souvent très difficiles à établir entre des points séparés par de grands espaces. Dans toutes les villes où le téléphone est en fonctionnement, le nombre des postes particuliers prend un accroissement rapide. A Berlin, au commencement de 1882, le nombre atteignait déjà 668 et 523 à Hambourg.

En même temps, on a organisé à Berlin trois postes intermédiaires ou stations centrales, qui se trouvent dans des bâtiments spéciaux. Par exemple, il existe actuellement à la station centrale de la Franzœsische Strasse[1] quatre systèmes à clapet, montés chacun avec cinquante clapets. Trois et par moment quatre employés font le service de huit heures du matin jusqu'à neuf heures du soir; ils ont déjà atteint une grande pratique et sont parfaitement initiés à toutes les habitudes et à tous les rapports de la téléphonie. Ils savent à quel moment, avec qui et combien de temps certaines personnes ont l'habitude de parler. Le travail de l'employé s'en

____

1. Rue de France.

trouve énormément facilité, d'autant plus qu'on oublie encore souvent d'avertir le poste intermédiaire, en appuyant sur le bouton, lorsque la conversation est terminée. Dans les trois stations centrales de Berlin, on a compté, dans les journées du 1er au 21 décembre 1881, un total de 34,530 communications particulières, ce qui fait, par jour, 1,650 communications, ou, si l'on veut déduire les trois dimanches qui sont moins actifs que les autres jours, en les mettant à 728, 540 et 333, une moyenne de 1,830 communications pour chaque jour de la semaine. C'est de midi à une heure, pendant la Bourse, que les employés ont le plus à faire. Pendant cette heure on exécute l'une dans l'autre 158 communications, rien qu'au poste central de la Franzœsische Strasse, ce qui donne cinq communications par chaque deux minutes. De trois à quatre heures de l'après-midi, il y a un moment de repos, mais les communications reprennent avec activité de cinq à sept heures du soir. Quant à la transmission de nouvelles au moyen des cartes postales, on n'en fait guère plus usage à Berlin, probablement par suite de la rapidité qu'offre la poste par les tubes pneumatiques : par contre le nombre de télégrammes transmis par le téléphone pendant les vingt et un jours cités plus haut a atteint le nombre de 156.

Les téléphones établis à la Bourse de Berlin et dans les postes publics, présentent un intérêt particulier.

Les cabinets des téléphones de la Bourse sont organisés de façon à ce que les paroles prononcées ne puissent être entendues au dehors, et qu'aucun bruit du dehors ne puisse déranger les personnes qui communiquent. Ces cabinets sont pourvus de murs à double paroi remplis intérieurement de corps mauvais conducteurs, tels que cendre, terre glaise ou sciure de bois. L'intérieur est d'abord garni d'une couverture de carton mince, puis de feutre enveloppé dans une étoffe de coton posée sur un châssis, et enfin par-dessus on fixe la tapisserie. Cette organisation remplit parfaitement le but. Les neuf cabinets de téléphonie de la Bourse de Berlin sont surtout employés par des personnes qui s'occupent d'affaires de Bourse. L'un dans l'autre on transmet par jour 250 communications ayant trait à des affaires de Bourse. Les postes publics de téléphone ont été également très bien accueillis par la population. Moyennant soixante centimes chacun peut à volonté communiquer pendant cinq minutes avec toute personne dont le domicile ou le bureau se trouve compris dans le réseau des fils du téléphone.

La construction des téléphones, dont on se sert, est véritablement poussée jusqu'à la commodité la plus grande. Le téléphone ainsi que les appareils avertisseurs sont si bien montés sur un plateau, que rien qu'en retirant le téléphone de sa place, la communication entre les téléphones des deux stations s'établit aussitôt, tandis qu'en remettant le téléphone à sa place, les deux appareils avertisseurs se retrouvent en communication et prêts à servir de nouveau. La station de contrôle est avertie par un appareil avertisseur numéroté, quand et avec qui l'on désire se mettre en communication, et cette communication est aussitôt établie par l'employé de service à la station centrale, qui introduit à l'endroit voulu une cheville ou clef, comme on l'appelle; la conversation terminée par l'annonce d'un signal, on retire la cheville et aussitôt la communication qui n'est plus nécessaire se trouve interrompue.

Si en Amérique le téléphone est très peu employé,

pour les rapports télégraphiques, par contre son emploi
dans les relations privées est très considérable. Au
commencement de l'année 1881, on évaluait à 70,000 le
nombre des téléphones fonctionnant dans les États-Unis
pour le service des particuliers

Les communications téléphoniques dans les grandes
villes ont également beaucoup d'importance pour le service de la police et celui des incendies. Leur usage permet non seulement d'accroître la promptitude et par
suite l'efficacité des secours nécessaires, mais encore
de diminuer le nombre des personnes qui font le
service de garde de la sûreté publique, et de réduire les
dépenses qu'occasionne le nombreux personnel nécessaire à ce service. Depuis plusieurs années, la police se
sert du téléphone à Chicago; il y joue un rôle très
important, et cette organisation peut être citée comme
un exemple à suivre.

Un besoin pressant d'appeler un veilleur ou un gardien à un point quelconque de la ville se présente rare-
ment, car on a eu en vue de faciliter la surveillance de
chaque rayon en munissant de téléphones chaque poste
de police. A Chicago, on a le moyen de faire appel à la
police vite et facilement. Chaque gardien, soit en tour-
née soit au poste, peut aussitôt entrer en communication avec sa division, et même s'il y a lieu, avec le bureau de police voisin de l'arrondissement ou le poste
central de police. Il en est de même pour chaque citoyen
honorablement connu, qui peut, au besoin, faire un
appel rapide à la police. A cet effet, il existe des postes
de police, à des endroits déterminés et convenablement
choisis, où se trouvent toujours en permanence trois
hommes, une voiture et un cheval. La voiture contient
une banquette, les couvertures et ustensiles nécessaires
pour emmener une personne malade ou blessée, rame-

ner un enfant perdu et en avoir soin, arrêter un malfaiteur ou rendre tout autre service de ce genre. Les postes de police sont en relation téléphonique avec des stations publiques d'alarme, ayant la forme de guérites, et qui sont distribuées de distance en distance le long des rues. Ces corps de garde sont assez grands pour contenir une personne et lui servir de refuge à un moment voulu.

Les stations d'alarme s'ouvrent au moyen de clefs qui sont distribuées par la municipalité à tous les bourgeois de notoriété ainsi qu'aux gardiens. Pour éviter les abus, les serrures sont organisées de telle sorte que personne, en dehors des agents de police, ne peut retirer la clef, lorsqu'elle a été introduite dans la serrure. Chaque clef a son numéro qui sert à reconnaître la personne qui a ouvert la maison d'alarme, et a donné le signal à la police d'accourir. Si le gardien se trouve près de la maison d'alarme, c'est lui qui l'ouvre dans ce cas et qui communique par le téléphone qui s'y trouve, avec le poste de police voisin. Si la maison d'alarme est ouverte par un bourgeois, il appelle la police au moyen d'un appareil à cadran. Cet appareil est muni de onze signaux différents pour certains cas déterminés, par exemple : vol, violence, incendie, effraction, meurtre, etc.

Pour donner un signal, celui qui appelle met l'aiguille sur le numéro correspondant, et abaisse la manivelle qui se trouve sur le côté droit. En lâchant cette manivelle, l'appareil télégraphie au poste de police sur un appareil Morse ordinaire, le numéro du poste qui vient d'appeler, et le signal correspondant.

Le gardien de service peut se mettre en relation téléphonique avec le poste de police de son arrondissement. Chaque heure ou chaque demi-heure, l'officier de service passe à une station d'alarme et communique par le téléphone avec le poste de police de son arrondissement, ce qui facilite et simplifie beaucoup le service. Le commandant du poste peut, par suite, organiser son service pour ainsi dire sans dérangement.

Les maisons particulières ainsi que les locaux de commerce, peuvent être pourvus de semblables appareils-signaux et de téléphones. Le poste de police possède une clef mise sous scellés de l'habitation de chaque abonné. Donne-t-on un signal pendant la nuit, par exemple pour vol avec effraction, le gardien se rend aussitôt avec ladite clef chez l'abonné qui vient d'appeler, pour arrêter le voleur.

Comme pour le service de la police, le téléphone a montré les avantages qu'il avait pour le service des avant-postes. Au commencement de l'année 1878, la *Militärische Wochenblatt* rendait compte des expériences faites par M. Kœrner, capitaine au 58ᵉ régiment d'infanterie, par l'emploi du téléphone pour le service des avant-postes. Pour ces expériences, on se servit d'un câble léger d'une longueur de 320 mètres, qui était enroulé sur un cylindre de 30 centim. de long et placé dans un havresac, de façon à pouvoir le manœuvrer facilement. Le câble, après avoir été dévidé, peut être facilement enroulé, au moyen d'une manivelle fixée au bout du rouleau. Un soldat porteur du câble-havresac posa au pas accéléré le câble entre la sentinelle de grand'garde et un poste détaché, de sorte qu'en trois minutes, le poste et la grand'garde se trouvaient en communication. Après l'intercalation de deux téléphones, on établit aux deux endroits, avec le secours d'une capote, un petit espace suffisamment clos pour que le vent le plus fort n'empêchât en aucune façon d'entendre distinctement. Comme appel on em-

ploya un « ohé! » dit à haute voix; après la réponse à
l'appel par le mot « voici, » on commença à téléphoner.
Après des expériences de plusieurs heures et parfaitement réussies, le câble fut méthodiquement relevé dans
l'espace de six minutes; cette durée, un peu plus
longue pour son relèvement, venait de ce que, pour
traverser deux chemins, le câble avait été avec quelques
coups de bêche enfoncé sous terre à quelques centimètres de profondeur. Depuis, les défauts qui se pro-
duisirent dans les autres expériences militaires de
téléphonie ont été aplanis. On a d'abord construit des
téléphones ayant une plus grande sonorité et un
simple signal d'appel. On a également étudié plusieurs
dispositions spéciales pour une bonne réunion du téléphone avec le câble et des parties de câble, de façon à
pouvoir poser une ligne d'une façon plus rapide, plus
commode et plus solide. L'appareil entier, construit
spécialement pour ce service, se compose d'un havresac pesant 11 kilogr. 1/2. Il contient 500 mètres de câble
avec fil de retour, deux téléphones avec leur récepteur
et une caisse à câble auxiliaire de 8 kilogr. qui renferme
encore 500 mètres de câble avec fil de retour. Le câble
a 3 millimètres d'épaisseur et comporte un conducteur
intérieur formé de trois fils isolés par du caoutchouc,
recouvert de coton goudronné sur lequel est roulé le fil
de retour qui est composé d'un plus grand nombre de
fils de cuivre très fins.

Le téléphone est également très utile aux plongeurs,
qui peuvent par ce moyen entrer facilement en communication avec leurs compagnons qui se trouvent à
bord du bateau, ce qui leur évite de plonger et replon-
ger pour communiquer avec eux comme cela leur
arrive souvent; ils gagnent ainsi du temps, tout en
ayant moins de mal. Le téléphone s'est également

montré utile dans les syncopes auxquelles les plongeurs sont exposés, car l'appel au secours est, par ce moyen, bien plus facile qu'avec les autres signaux usités.

On a également utilisé le téléphone pour estimer la torsion des arbres des machines et la quantité de force qu'ils transmettent.

Enfin l'emploi du téléphone est d'une importance très grande pour les sciences médicales et physiques; avec son secours, il est possible de constater au juste dans les blessures la présence d'un corps étranger, principalement dans les blessures occasionnées par les armes à feu; par ce moyen on évite l'emploi douloureux et souvent impossible de la sonde. Des appareils téléphoniques ont été spécialement construits pour reconnaître l'activité du cœur et des poumons, et ils surpassent en sensibilité tous les autres instruments employés jusqu'à présent pour cet usage.

L'appareil téléphonique désigné sous le nom d'*audiphone* a donné d'excellents résultats comme moyen de vaincre la surdité, dans les cas où le nerf acoustique n'étant pas paralysé, il y a simplement mauvais fonctionnement dans le mécanisme de l'ouïe. Avec l'audiphone, des personnes sourdes ont été à même et à peu de frais d'entendre aisément de la musique et des paroles. Cet instrument consiste en une peau de tambour très élastique (diaphragme) tendue avec soin, qui, au contact des ondes sonores donne des vibrations correspondantes, lesquelles, si l'appareil est tenu entre les dents, se communiquent aux os de la tête et par suite aux nerfs de l'ouïe. Si la plaque vibrante d'un téléphone est munie d'une branche courte de matière dure et élastique et que cette branche soit prise entre les dents des personnes dont l'ouïe est faible, les vibrations téléphoniques produites par la musique, la conversation, etc., sont distinctement entendues par ces personnes.

Le téléphone est très applicable à la recherche de faibles courants électriques à cause des ondes sonores qu'ils engendrent et on peut l'employer par suite comme électroscope. Tel est particulièrement le cas par rapport à certains courants qui prennent naissance dans les fils télégraphiques, par suite des courants qui traversent les fils voisins : courants auxquels on donne le nom de courants induits. Aussi et à cause même de cette sensibilité, le service du téléphone est-il facilement dérangé par les lignes télégraphiques ou téléphoniques voisines et il y a lieu de prendre certaines dispositions particulières (dont nous parlerons plus tard) pour éviter de semblables dérangements dans son emploi.

Si nous passons à l'histoire du téléphone, nous devons mentionner, que les essais pour transporter au loin les sons à l'aide d'un moyen de transmission particulier des ondes sonores, appartiennent à un passé déjà assez éloigné. Ainsi l'électricien Preece nous raconte que son compatriote, le physicien Robert Hooke, faisait déjà en 1667 des expériences de ce genre, bien qu'elles fussent encore assez grossières, et employait à cet effet un fil tendu. Plus tard en 1819, Wheatstone construisit un appareil téléphonique, qu'il désigna sous le nom de « lyre magique »; il consistait en une branche longue et mince en bois de sapin qui était munie à ses deux extrémités de petites caisses sonores; il recevait ainsi d'un côté les sons, provenant de cordes tendues, qui étaient transmis à l'autre bout par suite des vibrations moléculaires.

L'invention du véritable téléphone à ficelle qui consiste à réunir deux membranes élastiques à l'aide d'une ficelle fortement tendue, et qui a figuré récemment parmi les jouets d'enfants, doit peut-être son origine à ces premières inventions ou peut-être existait-elle avant celles-ci. Ce simple appareil est très intéressant, bien qu'il ne puisse servir que pour de courtes distances, car il montre que les ondes sonores qui servent à l'émission des mots, bien qu'étant excessivement petites, développent cependant une énergie considérable puisqu'elles peuvent circuler sur une longueur de fil de 100 mètres. La possibilité de transmettre non seulement des sons, mais encore des consonnes et des voyelles à de grandes distances, fut trouvée par ce moyen et fut l'objet de recherches faites par Helmholtz qui firent époque. Celui-ci montra que les consonnes et les voyelles ne se distinguent des sons proprement dits que parce que ces derniers sont formés par des ondes sonores simples, tandis que les premiers se composent d'ondes placées plusieurs à la fois l'une sur l'autre. Comme les mots sont également formés par des vibrations, il est possible de transmettre les consonnes, les voyelles et les paroles à un endroit plus ou moins éloigné de leur naissance, pourvu qu'on se serve à cet effet d'un appareil qui reproduise le plus fidèlement possible ces diverses vibrations. Les plaques et membranes élastiques possèdent particulièrement cette faculté.

Comme base de l'invention du téléphone électrique et en dehors des faits cités plus haut, la découverte des soi-disant tons galvaniques ou musique galvanique par les physiciens américains Page et Henry en l'année 1837 peut également servir. Ceux-ci observèrent qu'une barre de fer enroulée de fil de cuivre, ce que l'on appelle un électro-aimant, peut, en se magnétisant et en se démagnétisant rapidement, au moyen d'un courant galvanique passant à travers le fil d'enroulement et souvent interrompu par des changements de courant, donner naissance à des sons.

Le défunt maître d'école Philippe Reis de Friedrichsdorf, près Francfort-sur-Mein, prenant ce fait pour base, construisit le premier téléphone électrique, qu'il présenta le 26 octobre 1861 à la société de physique de Francfort-sur-Mein. Ce téléphone transmettait à des distances assez éloignées des sons musicaux et même des paroles, quoique d'une manière assez imparfaite.

Le téléphone de Reis n'excita l'attention que peu de temps en Allemagne, et tomba vite dans l'oubli, probablement parce que les physiciens d'alors, jugeant que cette invention n'avait que peu d'importance, n'y donnèrent aucune suite. En Amérique, au contraire, on poursuivait des expériences pour la construction d'un téléphone simple et pratique.

En 1868 un certain Van de Wayde construisit un téléphone Reiss perfectionné qu'il présenta au cercle polytechnique de Philadelphie. L'appareil transmettait, à ce que l'on dit, distinctement bien que faiblement et d'un ton nasillard, les paroles prononcées. Van der Wayde continua ses expériences et à ses efforts vinrent se joindre ceux d'Elisha Gray de Chicago, pendant qu'en Angleterre, en 1876, Ceci et Léonard de Wray exposaient au public un appareil semblable au téléphone Reis, et qu'en 1877 Cromwell Varley produisait un téléphone basé sur l'application du condensateur électrique.

Tous ces téléphones avaient surtout pour but, et même quelques-uns pour but exclusif, de transmettre des sons musicaux et non des sons articulés ou des paroles; mais on pouvait cependant transmettre des accords entiers, et même des sons composés. L'imperfection de ces téléphones consiste en ce qu'ils transmettaient les

ondes sonores par des interruptions mécaniques du
courant électrique et de fortes saccades de courant,
et non par des ondulations de courant correspondant
avec les ondes sonores. Cette solution du problème,
qui paraissait impossible en ce moment aux physiciens,
fut trouvée d'une manière ingénieuse par l'écossais
Graham Bell à Boston.

Graham Bell, instituteur de sourds-muets, émigra en
1868 d'Édimbourg aux États-Unis et parut à l'Exposition
universelle de 1876 de Philadelphie, avec son téléphone
parlant, qui excita la plus grande admiration par suite
de la faculté qu'il possédait de reproduire distinctement
la parole à de très grandes distances.

Le téléphone de Bell se distingue essentiellement de
celui de Reis en ce qu'il est muni d'une membrane magnétique formée d'une très mince plaque de fer, qui
est placée devant les pôles d'un électro-aimant. Cette
membrane est mise en vibration par les ondes sonores
et excite ainsi, par les lois de l'induction magnétique,
dans les enroulements des fils de l'électro-aimant, des
courants électriques vibrants, lesquels mettent en vibration la membrane de fer métallique du téléphone qui
se trouve à l'autre extrémité du courant, lequel, construit dans les mêmes conditions, reproduit par suite
identiquement des vibrations magnétiques correspondantes. De cette manière, l'appareil d'audition ou
récepteur reproduit exactement les ondes sonores qui
lui sont transmises par l'appareil qui sert à parler ou
transmetteur.

Mais comme le noyau de fer de l'électro-aimant du
téléphone Bell pour l'admission et la rémission de son
magnétisme, ne peut avoir que des effets très courts,
et que l'organisme de l'appareil présente en d'autres
parties encore bien des défectuosités, l'action de ce télé-

phone est très faible et peu pratique pour des transmissions à grandes distances. On se vit donc forcé d'in-
venter des téléphones plus puissants.

Une grande quantité d'électriciens s'attelèrent à
cette tâche, et dans ce but on étudia avant tout minu-
tieusement l'appareil téléphonique dans ses deux parties essentielles (l'appareil de transmission ou transmetteur et l'appareil de réception ou récepteur), pour
construire chacune de ces parties conformément aux
conditions particulières de son service particulier. On
trouva d'abord que si le téléphone Bell était dans
son principe bien construit pour l'ouïe, c'est-à-dire
pour l'appareil récepteur, le transmetteur, c'est-à-dire
l'appareil parlant, devait être construit dans d'autres
conditions pour produire des effets plus énergiques.
On eut recours à un principe découvert en 1856 par Du
Moncel (électricien français).

Ce principe consiste en ce que, dans le passage d'un
courant électrique par le point de contact de deux corps
dont les conductibilités sont différentes, la résistance
qui s'oppose au passage de ce courant varie sensible-
ment avec le changement dans la pression de contact
de ces corps.

T. A. Édison, l'électricien américain connu du monde
entier, se servit le premier de ce principe, le croyant
probablement de son invention, pour la construction
d'un transmetteur téléphonique plus énergique, en
appliquant sur la membrane d'un téléphone Bell un petit
morceau de platine ou de graphite, sur lequel repose
légèrement un autre petit morceau de graphite fixé à
l'extrémité d'un ressort; il construisit ainsi le téléphone, dit téléphone à charbon d'Edison, qui se distingue par sa transmission régulière des ondes sonores,
mais qui n'est pas assez sensible.

Un progrès important dans la construction des appareils de transmission téléphonique, eu égard à leur sensibilité, a été réalisé en 1877 par l'américain David Édouard Hughes, vivant en Angleterre. Son appareil est connu sous le nom de *Microphone*, ainsi nommé parce qu'il permet d'entendre les ondes sonores les plus faibles, et qu'il a par rapport à l'ouïe une analogie avec le microscope par rapport à la vue. Le transmetteur construit par Hughes consistait à son origine en un petit crayon de charbon intercalé dans le circuit et légèrement fixé entre deux petits blocs sur une caisse sonore. Si la caisse sonore est mise en vibration par des ondes sonores qui la frappent, les contacts des bouts du petit crayon de charbon prennent également part à ces vibrations et deviennent par suite plus ou moins forts, de sorte que la force du courant fourni par une batterie subit dans le circuit des variations correspondantes aux phases de vibration.

A la suite de recherches continuelles pour perfectionner le téléphone, on a reconnu finalement que la membrane de fer du téléphone Bell n'est pas absolument nécessaire, et qu'on peut la remplacer par une plaque de bois, de verre, de caoutchouc, de cuivre, etc., et même la supprimer complètement, bien que la clarté dans la reproduction des ondes sonores soit plus grande par l'emploi d'une plaque de fer. Après avoir reconnu ceci, on doit admettre que non seulement les vibrations de la plaque de fer donnent naissance à des ondes de courant électrique dans les fils qui entourent l'électro-aimant par suite des variations de l'énergie magnétique, mais encore que les ondes sonores sont suffisantes par elles-mêmes, pour faire varier cette énergie magnétique et produire des ondes de courants électriques. Il résulte de cet exposé que l'on peut diviser les téléphones en quatre groupes principaux.

Au premier groupe appartiennent les téléphones dits à musique, qui ont une signification plutôt historique que pratique.

Le deuxième groupe comprend les téléphones électro-magnétiques dont le type est le téléphone Bell.

Le troisième est caractérisé par le téléphone à charbon d'Édison, où comme transmetteur on emploie un téléphone électro-magnétique, mais dans lequel on fait usage d'une batterie galvanique pour transmettre les variations d'intensité.

Le quatrième groupe comprend les transmetteurs microphoniques.

Il existe cependant encore un nombre assez considérable d'appareils téléphoniques, qui ne peuvent être compris dans ces quatre groupes.

Un nouveau genre de téléphonie a pour base la *radiophonie*, c'est-à-dire la transmission des ondes sonores au moyen des rayons lumineux. Ce genre de téléphonie a été également découvert par Graham Bell, qui en fit mention la première fois, pendant son séjour en Angleterre le 17 mai 1878, à la Société Royale de Londres.

L'appareil qui sert à l'exécution de ce genre de téléphonie s'appelle le *photophone* et son action repose sur ce qu'un rayon de lumière, variant dans son intensité, et dont le foyer est dirigé par un miroir parabolique sur une combinaison de plaques de sélénium (dit pile au sélénium), opère des changements correspondants dans la résistance électrique du sélénium et fait produire des sons à un téléphone qui se trouve intercalé dans le circuit du courant de la pile au sélénium. Ainsi donc le changement de l'intensité d'un rayon lumineux peut être mis en rapport avec les ondes sonores excités par le chant ou la parole, et par suite le son peut être transporté par le rayon lumineux.

Un emploi pratique de la radiophonie a été proposé par Mercadier avec le téléradiophone par lequel il est, dit-on, possible de transmettre plusieurs signaux en même temps, par le même fil conducteur.

Il faut enfin citer une invention puissante, qui ressort du domaine de la radiophotographie, *le télé-phote*, au moyen duquel on peut, par la voie télégraphique, obtenir des reproductions de figures, en transmettant une image au moyen d'un miroir et par un courant traversant un fil, et en la rendant visible sur un second miroir éloigné à une certaine distance.

CHAPITRE PREMIER

***

La production du courant et les lois de la science électrique qui servent de base à la téléphonie.

Par le mot électricité, nous désignons la cause d'un grand nombre de phénomènes particuliers, qui, selon les circonstances, se montrent sous forme d'attraction ou de répulsion, comme aussi de magnétisme, de chaleur ou de lumière.

D'après les connaissances actuelles on peut admettre que tous les corps sont propres au développement de l'électricité, bien qu'à un degré plus ou moins élevé. L'électricité peut se produire au moyen d'actions mécaniques, telles que le frottement, la pression ou le choc, ainsi que par la chaleur ou la lumière ; mais cette production est particulièrement active dans les actions chimiques qui résultent de la décomposition et de la formation des corps.

Tous les corps ne sont pas susceptibles de développer également des actions électriques. Dans plusieurs, l'électricité développée sur un point de leur substance se transmet aussitôt dans la masse entière, de telle sorte que toutes les parties, même les plus petites, se trouvent posséder le même état d'électricité ; on appelle ces corps *bons conducteurs électriques* ou simplement *conducteurs* ; à cette catégorie appartiennent les métaux, et particulièrement le cuivre et le fer.

Les autres corps qui sont plus ou moins rebelles à la propagation de l'électricité sont désignés comme *mauvais conducteurs* ou *non conducteurs*.

Les corps non conducteurs et spécialement ceux qui sont les plus réfractaires au transport de l'électricité, sont employés comme isolants. Parmi ceux-ci nous citerons la soie, le coton, le verre, la gutta-percha, le caoutchouc et surtout les matières résineuses.

Pour produire les courants électriques nécessaires à la téléphonie, on emploie des *éléments galvaniques*, ou des batteries galvaniques formées avec ces éléments.

Un élément galvanique doit être considéré comme un appareil dans lequel, en vertu d'une action chimique, le courant électrique se trouve produit d'une façon constante.

Chaque élément galvanique est en principe composé de deux corps électriques différents, dont le contact de l'un avec l'autre donne naissance à une action chimique. Cette action chimique est produite au moyen d'un liquide dans lequel les deux corps sont plongés. L'un des corps se dissout par l'action chimique, tandis que l'autre demeure intact et n'éprouve aucun changement.

On obtient ainsi, par exemple, un courant constant en remplissant un verre ou un vase de grès avec de l'eau aiguisée d'acide sulfurique, en introduisant dans ce liquide une plaque de zinc et une plaque de cuivre l'une en face de l'autre, en laissant entre elles un petit espace et en réunissant par un fil de cuivre les deux extrémités des plaques qui émergent du liquide.

Le zinc et le cuivre doivent être considérés comme deux conducteurs de nature différente, et de fait, dans cette combinaison, le cuivre se charge d'électricité positive (+) et le zinc d'électricité négative (—), de sorte que le courant électrique marche de la plaque de cuivre positive vers la plaque de zinc négative en traversant le fil qui les réunit. Par suite le liquide, c'est-à-dire l'eau, est décomposée, et le zinc, oxidé par l'oxigène qui se dégage sur la plaque de zinc, se change, au contact de l'acide sulfurique, en sulfate de zinc et se dissout dans le liquide. Sur le cuivre, au contraire, se dégage l'hydrogène neutre qui le préserve de l'oxydation.

Pour tenir éloignée de la plaque de cuivre la solution de sulfate de zinc qui se forme, on met entre les deux métaux une séparation en terre poreuse; enfin on verse dans le compartiment qui renferme la plaque de zinc une solution à demi saturée de sulfate de zinc et dans le compartiment de la plaque de cuivre, une solution concentrée de sulfate de cuivre. Tandis que par la combinaison mentionnée plus haut, on obtient un courant fort au commencement, mais qui diminue rapidement, par la deuxième combinaison, au contraire, qui est connue sous le nom d'élément Daniell, on a un courant constant, pourvu que l'on tienne l'élément dans de bonnes conditions et que l'on aie soin que les liquides soient constamment dans leur état normal.

Un autre élément très recherché pour les emplois téléphoniques est celui de Leclanché; celui-ci possède en réalité pour l'usage pratique de grands avantages sur lesquels nous reviendrons plus tard. L'élément Leclanché se compose d'un vase en verre et d'un vase en terre poreuse; entre le verre et le vase poreux se trouve un petit cylindre de zinc qui plonge dans une dissolution de sel ammoniac. Dans le vase poreux se trouve un morceau prismatique ou cylindrique de ce que l'on appelle charbon de gaz (graphite provenant des cornues à gaz ou charbon artificiel), qui est entouré par un mélange fortement comprimé de manganèse grossièrement concassé et de petits morceaux de charbon tenus humides par la solution ammoniacale du compartiment extérieur. Lorsque l'élément est en fonctionnement, le zinc s'unit avec le chlore du sel ammoniac, forme du chlorure de zinc, tandis que, dans l'autre compartiment, de l'ammoniaque et de l'hydrogène se dégagent ; ce dernier réduit le manganèse qui consistait en superoxyde de manganèse, le transforme en sexquioxide et forme de l'eau avec son oxigène.

Les avantages de l'élément zinc-charbon sur l'élément zinc-cuivre consistent en ce que, premièrement la tension électrique entre le zinc et le charbon est considérablement plus forte qu'entre le zinc et le cuivre et que, deuxièmement, par suite de la nature poreuse du charbon, il existe une plus grande surface de contact qui produit par suite une absorption plus rapide de l'hydrogène, ce qui augmente considérablement la constance de l'action. Un élément de ce genre peut servir longtemps, même pendant deux ans, et si l'on nettoie le contenu du vase poreux, il peut continuer de nouveau à travailler avec vigueur. Pendant l'usage, il faut avoir soin d'enlever de temps en temps la solution de chlorure de zinc et de la remplacer par une dissolution fraîche de sel ammoniac.

Il nous faut citer également comme élément constant et énergique l'élément à l'acide chromique ou élément au bichromate. Dans cet élément comme dans l'élément Daniell, on place en dehors du vase poreux, du zinc dans de l'acide sulfurique (une partie d'acide sur dix à douze parties d'eau), pendant que le vase poreux contient une plaque de charbon plongée dans une dissolution de bichromate de potasse et d'acide sulfurique dilué. Le mélange le plus convenable comprend pour trois parties en poids de bichromate de potasse, quatre parties d'acide sulfurique concentré et dix-huit parties d'eau.

Les constantes de ces éléments peuvent s'établir comme suit :

Pour l'élément Daniell : Force électromotrice = 1 ; résistance = 10 unités Siemens.

Pour l'élément Leclanché : Force électromotrice = 1,45 ; résistance = 4 unités Siemens.

Pour l'élément au bichromate : Force électromotrice = 1,85 ; résistance = 3 unités Siemens.

D'après ces données, ce dernier élément paraît le plus favorable ; mais la consommation des matières est beaucoup plus grande que dans l'élément Leclanché, aussi ce dernier est-il d'un usage beaucoup plus économique.

Les deux corps réunis dans l'élément galvanique, tels que le zinc et le cuivre, sont généralement désignés sous le nom *d'électrodes*, mais, dans l'acception rigoureuse du mot, on ne peut désigner ainsi que les parties de ces corps qui émergent du liquide. Ces prolongements sont pourvus de bornes à vis, qui servent à serrer les fils conducteurs. Pour le bon entretien d'un élément galvanique, il est très utile que ces bornes soient tenues très proprement. Les électrodes sont également désignées sous le nom de pôles. Si les électrodes ou pôles d'un élément galvanique ne sont pas réunis ensemble, et que l'élément se trouve en état d'action, les pôles se chargent d'électricités contraires qui tendent à se réunir. Cette tendance d'union des électricités antipolaires est nommée la tension ou *différence de potentiel* de l'élément.

Sitôt que l'on met en contact les pôles d'un élément galvanique en état d'activité, ou qu'on les réunit par un fil conducteur, c'est-à-dire *qu'on ferme le circuit*, il se produit dans ce circuit un courant électrique, qui se

trouve entretenu par l'action chimique, et qui marche,
d'après ce qui est généralement admis, du pôle positif au pôle négatif. Ce courant existe par suite de la
force électromotrice de l'élément, qui est une fonction
de sa différence de potentiel. A ce courant s'oppose une
résistance d'un côté dans l'élément, de l'autre dans le
circuit. La force du courant est directement proportionnelle à la force électromotrice et oppose une résistance de proportion inverse

Désigne-t-on la force électromotrice par E, la force
du courant par J, la résistance dans l'intérieur de l'élément (sa résistance intérieure propre) par w et la résistance dans le circuit (sa résistance extérieure propre)
par W, on a l'équation :

$$J = \frac{E}{W + w} = \frac{E}{R},$$

si l'on désigne la résistance totale du circuit par R.

Dans cette équation se trouve formulée la loi d'Ohm
qui est une des lois fondamentales de la science électrique.

En général, la force électromotrice d'un élément croît
d'autant plus que les actions chimiques qui s'y développent sont plus fortes; cependant la constance de
l'action tend généralement à diminuer. Quant à la
résistance intérieure, elle devient d'autant plus faible,
que plus grande est la surface des plaques réunies de
l'élément, puisqu'alors aussi la section transversale du
liquide qui donne naissance à la résistance intérieure
et que l'on nomme électrolyse, devient plus grande, et
que, par conséquent, le courant électrique y trouve un
passage plus facile.

Si les pôles d'un élément sont réunis par un fil court
mais assez gros, la résistance dans le circuit exté-

rieur est très petite en comparaison de la résistance intérieure, et par suite presque nulle.

On a donc pour l'élément fermé par un gros fil ou élément en court circuit, l'équation :

$$J = \frac{E}{w} \quad \ldots \ldots \ldots (1)$$

Pour avoir une force de courant plus grande qu'il n'est possible d'en obtenir avec un seul élément, sans lui donner une taille incommode, on réunit un certain nombre d'éléments en une batterie. Cette réunion ou disposition peut se faire de deux manières différentes et ainsi d'abord par rapport à deux éléments, en unissant les pôles de même nom par un fil conducteur, comme cela se fait avec les pôles d'un simple élément, ou en réunissant les pôles de noms différents et en fermant le circuit au moyen des deux autres.

Le premier mode de réunion des éléments est désigné sous le nom de *disposition en dérivation, disposition paralèle* ou *disposition en quantité*, et l'on obtient ainsi exactement la même action, que si l'on disposait d'un seul élément de grandeur double (par rapports aux surfaces agissantes).

Dans ce cas la force électromotrice et la résistance intérieure restent sans changement.

Le deuxième mode de réunion est désigné sous le nom de *disposition en série, disposition en intensité*, ou *disposition en tension*, puisque par rapport à deux éléments, la force électromotrice et la résistance intérieure sont doublées. La force du courant serait dans ce cas, d'après l'équation (1) pour un court circuit, exactement la même, que dans l'élément simple, mais si la résistance extérieure est prise en considération, l'on a dans ce cas

$$1 = \frac{2\,E}{W + 2\,w} = \frac{E}{\tfrac{1}{2}W + w}$$

On comprend facilement que l'on peut avec ces deux dispositions établir des batteries comprenant un nombre n quelconque d'éléments. Pour obtenir la force la plus grande de courant avec un même nombre d'éléments on a, suivant les cas, à les réunir en batteries partie en dérivation et partie en tension. A cet effet on forme d'abord des batteries en tension, ayant chacune le même nombre d'éléments et ces batteries sont réunies à volonté en quantité. A-t-on, par exemple, n éléments dont chacun possède la résistance intérieure w et désigne-t-on par x le nombre des éléments réunis dans une rangée en tension et par y le nombre de rangées réunies en quantité, on obtient ainsi par la résistance extérieure connue W, le maximum d'action de la batterie, si l'on fixe le nombre de rangées x par l'équation

$$x = \sqrt{\frac{a\,W}{w}}. \quad \ldots \ldots \quad (2)$$

Pour de longs circuits, qui opposent une grande résistance extérieure, on aura toujours la plus grande force de courant par la disposition en tension et ainsi aussi longtemps que la résistance extérieure w ne sera pas atteinte par la résistance intérieure de tous les éléments réunis, c'est-à-dire par $n.\ w$. Pour de courts circuits, même si un grand nombre se trouve alimenté par la même batterie, on pourra faire usage de l'équation (2), pour calculer la force du courant que l'on peut tirer de n éléments.

On peut, avec le courant galvanique, produire un grand nombre d'effets différents, qui ont une grande impor-

tance selon le but que l'on a en vue : l'*Induction voltaïque*, appelée simplement *Induction*, et la *Production
d'électro-aimants*. D'un autre côté on peut également
produire des courants électriques au moyen du magnétisme, et ce phénomène porte le nom d'*Induction magnétique*.

L'induction voltaïque se produit lorsqu'un conducteur fermé est approché ou éloigné rapidement du circuit fermé d'une production électrique, par exemple du
circuit d'un élément galvanique ou d'une batterie galvanique, ou si l'on ouvre ou ferme, auprès d'un conducteur fermé, le circuit du courant d'un élément ou d'une
batterie galvanique. Le courant d'induction ou secondaire qui naît de la fermeture du circuit, est toujours
de sens inverse au courant de la batterie ou courant primaire, tandis que le courant d'induction ou
secondaire produit par l'ouverture du circuit prend
la même direction que le courant producteur ou primaire.

On peut facilement reproduire ces phénomènes en introduisant dans une bobine enroulée de fils de cuivre
une bobine semblable et en réunissant la bobine extérieure qui sert de bobine primaire à une batterie, tandis
que le circuit de la bobine intérieure ou secondaire est
fermé par un galvanomètre. Sitôt que, par la fermeture
du circuit de la batterie, on envoie par la bobine extérieure un courant principal ou primaire, il se produit
dans la bobine intérieure un courant secondaire ou d'induction ; de même si en ouvrant de nouveau le circuit de
la batterie, on interrompt ainsi le courant principal
ou primaire.

La direction opposée de ces deux courants d'inductions, que l'on distingue sous le nom de courant de
fermeture et courant d'ouverture, est indiquée par la

déviation opposée de l'aiguille du galvanomètre. Comme force ces deux courants d'induction sont égaux.

Si l'on vient à retirer la bobine extérieure ainsi que la batterie et si l'on approche de la bobine qui reste unie au galvanomètre le pôle d'un aimant, l'aiguille du galvanomètre marquera de nouveau l'apparition d'un courant électrique dans la bobine et le même effet se produit si l'on éloigne de nouveau de la bobine le pôle de l'aimant, mais la déviation de l'aiguille est de sens opposé au premier, ce qui démontre que les deux courants sont également de direction opposée. Les courants ainsi reproduits sont engendrés par *l'induction magnétique* et désignés sous le nom de courants *électro-magnétiques*. Si la bobine employée pour ces expériences est munie d'un noyau de fer doux, les courants électro-magnétiques se trouvent considérablement accrus et le noyau de fer doux devient *un électro-aimant.*

On produit *un électro-aimant* chaque fois qu'on fait passer le courant électrique à travers un fil isolé, qui enroule un noyau de fer doux.

Si l'on munit une bobine d'un noyau déjà magnétique, on obtient un *électro-aimant polarisé.* Si l'on approche de cette bobine une barre de fer doux, on produit également dans la bobine un courant d'induction; et de même si l'on éloigne de nouveau la barre de fer. Ces mêmes phénomènes se reproduisent si l'on agite tout près devant le pôle d'un électro-aimant polarisé, un morceau de fer doux, nommé armature. Comme nous le verrons plus tard, ces phénomènes ont une grande importance dans la construction de certains téléphones.

CHAPITRE II

Le téléphone à musique

Ainsi que la télégraphie électrique, le téléphone est une invention allemande, mais plutôt dans le sens scientifique que pratique, car les dispositions remarquables sorties des mains des inventeurs allemands n'étaient véritablement que des appareils de physique impropres à un usage pratique; c'est avec le secours de l'esprit inventif et entreprenant des Américains, que ces appareils ont reçu les perfectionnements nécessaires à leur usage pratique. Il en avait été de même avec le télégraphe électrique, il en fut ainsi avec le téléphone.

De même les bases de la téléphonie sont-elles accidentellement d'origine américaine. C'est en l'année 1837 que les physiciens américains Page et Henry remarquèrent qu'en faisant naître et disparaître rapidement le magnétisme dans une barre de fer au moyen d'un courant galvanique, celle-ci, par suite des vibrations moléculaires que l'on y fait naître, peut arriver à donner des sons.

Ce fait extraordinaire excita l'attention générale des physiciens et plusieurs s'occupèrent aussitôt de l'étude particulière de ce phénomène. Ainsi l'Anglais Marrian, en 1840, reconnut que les sons excités de cette manière dans une barre de fer sont produits par des vibrations longitudinales, pendant lesquelles la barre s'allonge rapidement et revient de nouveau à sa longueur primitive. De La Rive, à Genève, trouva en 1843 que le son excité par ces vibrations longitudinales de la barre de fer se produit aussi si l'on ne dirige point le courant galvanique comme on le faisait auparavant par le fil isolé qui enroule la barre, mais même s'il passe directement par la barre. Enfin le professeur Wertheim à Prague en 1848 confirma non seulement la remarque de Marrian, mais il trouva également que les sons excités de cette manière ne dépendent pas de la rapidité des interruptions du courant.

S'appuyant sur ces faits, le physicien allemand Philippe Reis construisit un appareil qui devait d'abord lui servir comme but d'enseignement, c'est-à-dire pour démontrer à ses élèves d'une façon claire et distincte les différents organismes de l'ouïe. Ce n'est que par la suite qu'il arriva à reproduire, jusqu'à une certaine distance, avec cet appareil des sons de toutes sortes au moyen du courant galvanique. Reis appela cet appareil un « Téléphone » et, sous ce rapport, l'invention du téléphone peut lui être assignée de tout droit.

D'après les notes laissées par Reis (il est mort le 14 janvier 1874), la première idée de cette invention et ses premiers essais datent de l'année 1852, époque où, à Francfort-sur-Mein, il s'occupa passionnément de l'étude de la physique.

Pour bien suivre l'invention de Reis, il faut avoir sous les yeux le rapport qu'il en fit à la société de physique à Francfort-sur-Mein que nous extrayons des comptes rendus de cette société de 1860-1861. Ce rapport est écrit de sa main et en voici la reproduction :

« En présence des résultats surprenants obtenus dans le domaine de la télégraphie, on s'est déjà souvent demandé s'il n'est pas également possible de trans-

mettre directement au loin les sons mêmes de la
parole. Les expériences qui ont eu ce but en vue n'ont
pu jusqu'ici nous donner que des résultats peu satisfaisants, parce que les vibrations des milieux qui conduisent les sons, diminuent si vite en intensité, qu'elles
ne peuvent plus bientôt être perçues par nos sens.

« On a peut-être pensé à reproduire des sons à de
certaines distances au moyen du courant galvanique,
mais la solution pratique de ce problème a été certainement surtout mise en doute par ceux mêmes qui, par
leurs connaissances et les moyens dont ils disposaient,
étaient seuls capables de la résoudre. — A celui qui n'a
que des connaissances physiques superficielles, si
même il en possède quelques-unes, la solution paraît
offrir beaucoup moins de difficultés, puisqu'il n'en pré-
voit point d'avance la majeure partie. Moi aussi, il y
a environ neuf ans, plein d'enthousiasme pour ce qui
est nouveau et n'ayant point une connaissance suffisante des lois de la physique, j'avais la pensée hardie
de vouloir résoudre ce problème; mais je fus bientôt
forcé de renoncer à cette idée, les premières expériences m'ayant convaincu de l'impossibilité absolue
d'une telle solution.

« Plus tard, après de nouvelles études et maintes
expériences, je reconnus que mon premier essai était
très grossier et nullement convaincant; aussi par la
suite je n'attaquais plus sérieusement la question, ne
me sentant pas assez fort pour franchir les obstacles
qui me barraient la route.

« Mais les impressions de jeunesse sont fortes et
difficiles à effacer. Je ne pouvais distraire de ma pensée
le souvenir de mes premiers essais, et cette idée me
poursuivait malgré toutes les oppositions de ma raison;
je repris donc, presque sans le vouloir, dans mes mo-

ments de repos, les rêves de ma jeunesse, pesant les obstacles et les moyens de les vaincre sans cependant tenter de nouvelles expériences.

« Comment un seul instrument devait-il être combiné pour reproduire à lui seul la totalité des organes qui servent à la production de la voix humaine? Telle était toujours la question capitale, lorsque j'eus enfin l'idée de poser la question autrement :

« Comment notre oreille perçoit-elle l'ensemble des vibrations de tous les organes de la parole agissant ensemble? ou plus en général : Comment percevons-nous les vibrations de plusieurs corps qui résonnent en même temps?

« Pour répondre à cette question, nous allons d'abord examiner ce qu'il faut faire pour percevoir des tons simples.

« Dans notre oreille, chaque son n'est que la condensation et la dilatation d'un corps renouvelées plusieurs fois dans une seconde (et le moins sept à huit fois). Si ceci se passe dans le milieu même où nous nous trouvons, la membrane de notre oreille se trouve après chaque condensation poussée contre la caisse du tympan, pour se mouvoir du côté opposé après la dilatation qui suit. Ces vibrations produisent avec une égale rapidité le soulèvement et l'abaissement du marteau sur l'enclume (ou d'après d'autres : un approchement ou un éloignement des osselets), et provoquent en même temps un nombre égal de secousses dans le liquide du limaçon dans lequel se développe le nerf acoustique avec ses canaux. Plus grande est la condensation du milieu conducteur des sons à un moment donné, plus grande est l'amplitude de vibration de la membrane et du marteau, d'autant plus fort le coup sur l'enclume, ainsi que la secousse des nerfs au moyen du liquide.

« La fonction des organes de l'ouïe est donc de transmettre avec sûreté au nerf acoustique toute condensation ou dilatation qui vient à se produire dans le milieu
environnant, celle du nerf acoustique de transmettre
à notre cerveau le nombre et la grandeur des vibrations produites par la matière dans le même temps
donné.

« Ce n'est qu'alors que certaines combinaisons
prennent un nom précis; ce n'est qu'alors que les vibrations deviennent des *sons* ou *des dissonances*.

« Ce que le nerf acoustique ressent n'est simplement
que l'action d'une force agissant sur notre cerveau et

Fig. 1.

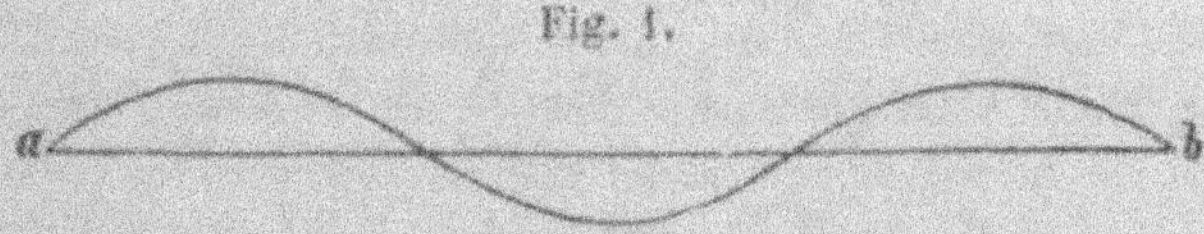

elle se laisse représenter graphiquement en grandeur
et en durée par une courbe.

« La ligne *a b* (Fig. 1) représente une durée de temps
quelconque, et la courbe au-dessus de la ligne, la condensation (+), la courbe en dessous de la ligne, la dilatation (—); c'est ainsi que chaque ordonnée de la
courbe nous donne au point correspondant la grandeur
et la condensation d'une abcisse, et que, par suite, la
membrane du tympan est mise en vibration.

« Notre oreille ne peut percevoir que mal tout ce
qui dépasse des courbes similaires, mais cela nous
suffit du reste complètement pour nous rendre clairement compte de chaque son ou de chaque combinaison
de sons. Si plusieurs sons sont excités en même temps,
le milieu conducteur du son se trouve sous l'influence
de plusieurs forces agissant en même temps et l'on a
les deux lois suivantes :

« Quand les forces agissent toutes dans le même sens, la grandeur de mouvement est proportionnelle à la somme des forces. Si les forces agissent dans des directions opposées, la grandeur de mouvement est proportionnelle à la différence des forces contraires.

« Figurons-nous pour trois sons la courbe de condensation de chacun d'eux, nous pourrons par la somme des ordonnées des abcisses semblables, fixer de nouvelles ordonnées et tracer une nouvelle courbe, que nous nommerons courbe de combinaison. Celle-ci nous donne exactement ce que notre oreille perçoit lorsque trois sons la frappent en même temps. Le fait pour un musicien de distinguer les trois sons les uns des autres ne devrait pas nous étonner davantage que celui, pour une personne versée dans l'étude des couleurs, de retrouver dans le vert le jaune et le bleu : et les courbes de combinaisons offrent encore une difficulté bien moins grande, car tous les rapports des composantes reviennent successivement. Dans des accords de plus de trois sons, les rapports ne sont plus cependant aussi faciles à reconnaître dans une figure, mais il est déjà difficile à un musicien expérimenté de reconnaître les sons simples au milieu d'accords semblables.

« Il résulte donc de ce qui précède :

« 1° Que chaque son et chaque combinaison de sons, lorsqu'ils frappent notre appareil acoustique, produisent sur la membrane du tympan des vibrations dont la marche peut être figurée par une courbe ;

« 2° Que la marche de ces vibrations produit seule en nous le sentiment de la perception du son, et que chaque changement de marche amène un changement de sentiment (de perception).

« Ainsi donc, chaque fois qu'il sera possible, quelque

part et de n'importe quelle manière, de produire des
vibrations dont les courbes seront semblables à celles
d'un son et d'une combinaisons de sons, nous aurons
la même impression que le son ou que la combinaison
de sons aurait produite sur nous. Me basant sur ces
principes, j'ai réussi à construire un appareil avec
lequel je suis en état de reproduire le son de diffé-

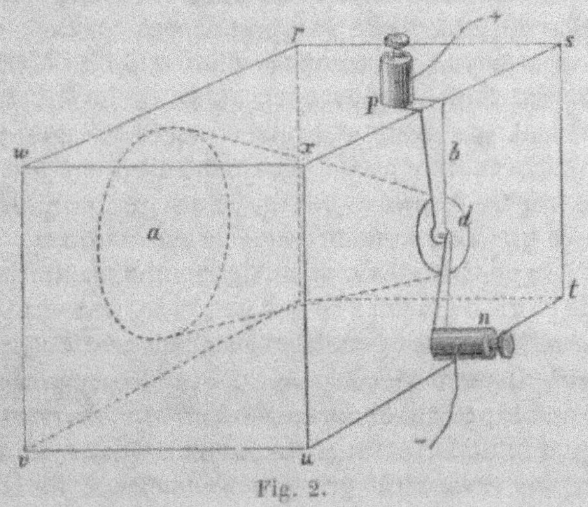

Fig. 2.

rents instruments, et même, jusqu'à un certain degré,
la voix humaine. Cet appareil est très simple et peut
être expliqué clairement au moyen de la figure 2.

« Sur un dé en bois, $r\,s\,t\,u\,v\,w\,x$ se trouve l'ouverture conique a fermée d'un côté par la membrane b (en
boyau de porc), au centre de laquelle est adapté un
léger disque de platine qui conduit le courant, et qui se
trouve en communication avec la borne p. De la borne
n part également une petite bande mince en métal, qui
vient rejoindre le milieu de la membrane et se termine
par un petit fil de platine placé à angle droit avec cette

bande par rapport à l'axe de sa longueur et au côté de
sa largeur.

« De la borne *p* part un conducteur qui passe par la
batterie, se rend à la station éloignée, et se termine
là par une spirale de fil de cuivre recouvert de soie
qui, de son côté, vient rejoindre la borne *n* par le fil de
retour.

« La spirale de la station éloignée a environ 150 millimètres de long; elle comprend sept couches de fil
fin et son noyau se compose d'une aiguille à tricoter
dont les extrémités dépassent la spirale de 50 millimètres
et reposent sur deux chevalets placés sur une caisse
sonore. Toute cette partie peut naturellement être rem-
placée par tout appareil au moyen duquel on peut produire ce que l'on appelle des sons galvaniques.

« Si l'on produit des sons ou des combinaisons de sons
près de ce dé, de façon à ce que des ondes sonores encore
suffisamment fortes pénètrent par l'ouverture *a*, celles-
ci feront vibrer la membrane, *b*. Avec la première condensation le petit fil en forme de marteau sera repoussé;
par la dilatation celui-ci ne pourra suivre la membrane, qui reviendra prendre sa place en arrière, et
le courant passant par les petites bandes restera interrompu jusqu'à ce que la membrane poussée par une
nouvelle condensation repousse de nouveau au point *d*
la petite bande *p*. Chaque onde sonore produira ainsi
une ouverture et une fermeture du courant.

« A chaque fermeture du circuit, les atomes du fil de
fer de la spirale se trouvent éloignés les uns des autres,
c'est-à-dire le fil de fer s'allonge. Par l'interruption du
courant ils cherchent de nouveau à reprendre leur position d'équilibre. S'il en est ainsi, ils produiront, par suite
de l'action de leur changement d'état d'élasticité et de
repos, un certain nombre de vibrations et ils donneront

le son longitudinal de la barre[1]. Cela se passe ainsi si
les interruptions et les fermetures du courant se suivent
d'une façon relativement lente. Si elles se succèdent
plus rapidement que le temps nécessaire à l'élasticité
du noyau de fer, les atomes ne pourront plus accom-
plir la totalité de leur course, et les chemins qu'ils par-
courront deviendront d'autant plus courts, que les interruptions se suivront plus rapidement, bien que de
nombre égal à celles-ci. La barre de fer ne donnera donc
plus sa note longitudinale, mais un son dont l'élévation ou la profondeur correspondront au nombre des
interruptions produites dans un temps donné. Ceci veut
simplement dire que : *La barre reproduit le son, qui
a été tranmis à l'appareil interrupteur.* La force de ce
son se trouvera en rapport avec le son original, car plus
fort aura été celui-ci, plus grands auront été les mouvements de la membrane, plus grands ceux du petit
marteau, plus grande enfin la durée de temps pendant
lequel le circuit sera resté ouvert, et par conséquent
d'autant plus grand jusques dans une certaine limite,
sera, dans le fil de reproduction, le mouvement des
atomes que nous recevrons sous forme de vibrations et
comme nous aurions reçu les ondes originales.

« La longueur du fil conducteur pouvant avoir la
même longueur que celui de la télégraphie directe, j'ai
donné à mon instrument le nom de *téléphone*.

« Quant à ce qui concerne les applications du téléphone, je ferai remarquer que j'ai pu faire entendre
aux membres d'une nombreuse assemblée (la société de
physique à Francfort-sur-le-Mein), des mélodies que l'on
chantait sur un ton peu élevé, devant l'appareil, dans

---

1. Ce son est produit par des changements dans l'allongement et
le raccourcissement d'une barre métallique.

une maison voisine distante d'environ cent mètres et
dont les portes étaient complètement fermées.

« D'autres expériences ont montré que la barre résonnante est en état de reproduire parfaitement l'accord à
la tierce d'un piano sur lequel était posé le téléphone,
et qu'enfin celui-ci reproduit même les sons d'autres
instruments : accordéon, clarinette, piston, orgue, etc.,
pourvu que les sons appartiennent à une certaine position, environ de F à F.

« Il va de soi, que dans chacune de ces expériences
on a exercé le contrôle le plus rigoureux pour se rendre
compte si la conductibilité sonore directe n'était pas
en jeu. Ce contrôle se fait très simplement en établissant

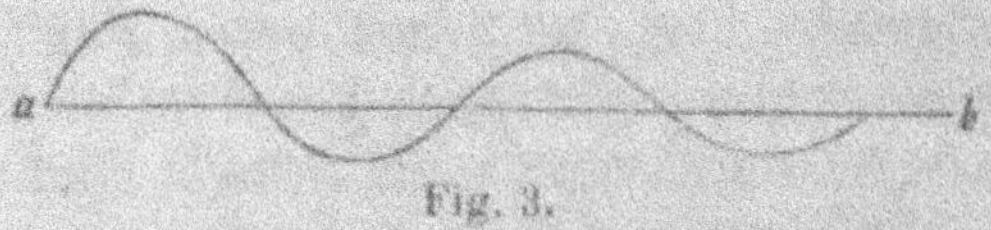

Fig. 3.

momentanément une bonne fermeture du circuit immédiatement devant la spirale et par suite de laquelle son
action cesse naturellement pour un instant.

« Il ne m'a pas été possible jusqu'à présent de reproduire les sons de la parole avec une clarté suffisante
pour tous. Les consonnes sont en grande partie reproduites assez clairement, mais les voyelles ne le sont
pas au même degré. Je vais tâcher d'en expliquer le
motif.

« D'après des expériences faites par Willis, Helmholtz
et autres, on peut reproduire artificiellement des sons
vocaux, si l'on renforce par moment les vibrations, au
moyen de celles produites par un autre corps, à peu
près d'après le théorème suivant :

« Lorsqu'un ressort élastique est mis en vibration au
moyen de chocs produits par une roue dentée, la pre-

mière vibration est la plus grande et chaque vibration qui
suit est toujours plus petite que sa précédente, comme le
montre la figure 3.

« Mais si, après plusieurs vibrations de ce genre (sans
que cependant le ressort revienne à son point de repos),
un nouveau choc de la roue dentée se produit, la vibration
qui suivra sera de nouveau plus forte, et ainsi de suite.

« La hauteur ou la profondeur des sons excités de
cette manière dépendent du nombre de vibrations don-

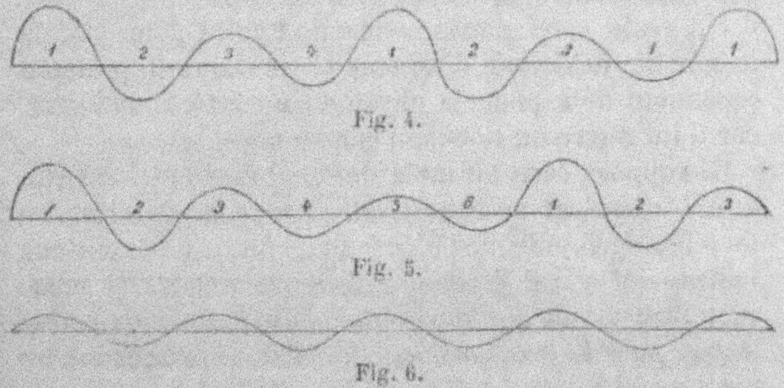

Fig. 4.

Fig. 5.

Fig. 6.

nées dans un temps déterminé ; mais le caractère du son
dépend du nombre de chocs donnés par la roue dans le
même temps. Deux voyelles pourraient, avec une élévation de son semblable, se distinguer par la manière
indiquée par les courbes fig. 4-5, tandis que le même
son, sans caractère vocal, serait représenté par la
courbe fig. 6.

« Les organes de notre parole produisent probablement les voyelles de la même manière, par l'action combinée des cordes vocales hautes et basses ou de ces
dernières avec la cavité de la bouche.

« Mon appareil donne bien le nombre des vibrations,
mais avec beaucoup moins de force que celle des vi-

brations primitives, bien que, comme j'ai motif de le croire elles soient proportionnelles avec celles-ci dans une certaine mesure. Toutefois pour les plus petites vibrations, la différence entre les grandes et les petites est beaucoup plus difficile à percevoir que dans les vibrations originales et par suite le son vocal devient plus ou moins incertain. On pourrait peut-être au moyen du phonautographe de Duhamel se rendre compte, si mes données en ce qui concerne les courbes qui ont rapport aux combinaisons des sons sont exactes.

« Il reste sans doute beaucoup à faire pour que le téléphone devienne d'un emploi pratique. Il présente cependant déjà pour la physique un intérêt suffisant, car il lui ouvre un nouveau champ de travail. »

Ce rapport, écrit au mois de décembre 1861, offre un grand intérêt et ne saurait être supprimé de l'histoire du téléphone, puisque l'idée fondamentale de ce curieux instrument y est exposée d'une façon claire et complète. On y voit *que Reis employa des courants galvaniques pour la transmission des sons en faisant naître ces courants sous l'action de la parole.*

La figure 2 montre l'appareil que Reis présenta à la société de physique de Francfort-sur-le-Mein, le 26 octobre 1861. Une autre forme, inventée peut-être en Angleterre ou en Amérique, est représentée par la figure 7.

Le transmetteur, qui se trouve à gauche dans la figure, se compose d'une petite boîte en bois, de la forme d'un dé A, qui porte à sa partie supérieure une ouverture circulaire à travers laquelle est tendue la membrane en boyau de porc S, et sur une de ses faces un porte-voix M. Au centre de cette membrane est posé un léger disque de platine *g* fixé sur l'un des bouts d'une pointe métallique dont l'autre bout, qui se

trouve sur la boîte, est relié avec la borne *a*; à cette
borne est attaché le fil conducteur positif du courant
galvanique produit par la batterie B. Au-dessus du petit
disque de platine *g* se trouve une petite pointe également en platine, qui est simplement fixée à la boîte au
point *e*, et qui, au point *f* est en communication avec la
borne *b*. De cette borne *b* part le fil conducteur vers le
récepteur ou appareil d'audition R, dans la borne *c*
duquel il est fixé, tandis que le fil négatif de la batterie
B, va vers la deuxième borne *d* du même appareil.

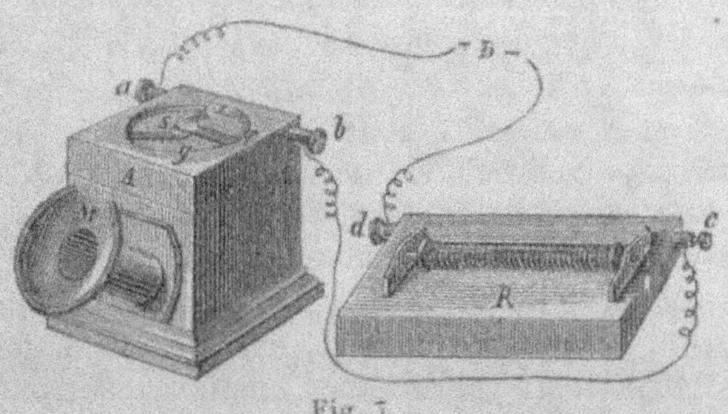

Fig. 7.

Celui-ci se compose d'une petite barre de fer mince
d'environ 20 centim. de longueur, enfermé dans un
tuyau de carton recouvert de plusieurs tours de fil de
cuivre enroulé de soie. Les bouts de ces fils sont en
communication avec les bornes *c* et *d*, et l'électro-aimant ainsi formé par la barre repose sur une petite
boîte plate, qui constitue la caisse sonore.

Si l'on chante dans le récepteur par le porte-voix M,
la membrane S entre, sous l'impulsion de chaque onde
sonore, en vibration correspondante, et le petit disque
de platine frappe contre la pointe de platine en donnant
chaque fois naissance à un courant électrique momentané et agissant par secousse, qui parcourt le fil con-

ducteur. Sous l'action de ce courant, la barre de fer du récepteur reçoit une impulsion magnétique, et, par suite des oscillations longitudinales qui y sont excitées, elle reproduit le son chanté dans le transmetteur.

Nous montrerons plus loin en quoi le type principal du téléphone qui nous est venu d'Amérique diffère de l'instrument de Reis.

Les sons de l'appareil récepteur de Reis possèdent il est vrai, une nuance de son médiocre ; en fait ils ne se composent que de secousses provenant du contact entre la pointe de platine et le disque de platine sur la membrane de l'appareil chanteur et correspondant à chaque ondulation vibratoire de cette membrane, c'est pourquoi on a également désigné le téléphone de Reis sous le nom de « compteur de mesure des ondulations ».

D'autres expériences furent faites en 1876 avec le téléphone Reis, au musée de South-Kensington à Londres, mais on n'en a pas publié les détails. L'inventeur allemand et son instrument, après avoir excité une attention assez courte, furent bientôt oubliés en Allemagne ; cependant cet appareil est assez important pour que nous examinions de plus près sa construction perfectionnée.

La figure 8 nous montre cet appareil perfectionné.

Comme appareil transmetteur A, on employa pour les appareils construits plus tard un tuyau de fer-blanc, conique, *a*, *b*, dont la petite ouverture *b* se trouvait comme le montre la figure 8, fermée par une pellicule faite de collodion. Vers le milieu de cette membrane, et soutenu à peu près vers sa moitié par le support de l'appareil, s'appuie un ressort en forme de S, qui est pressé par le petit ressort *n* contre le contact *g*, qui possède également une certaine élasticité, et dont la pression contre le ressort *c*, *d*, peut être réglée au

moyen de la vis *h*. Le courant électrique qui vient de la
batterie galvanique B passe par le support *f*, par le res-

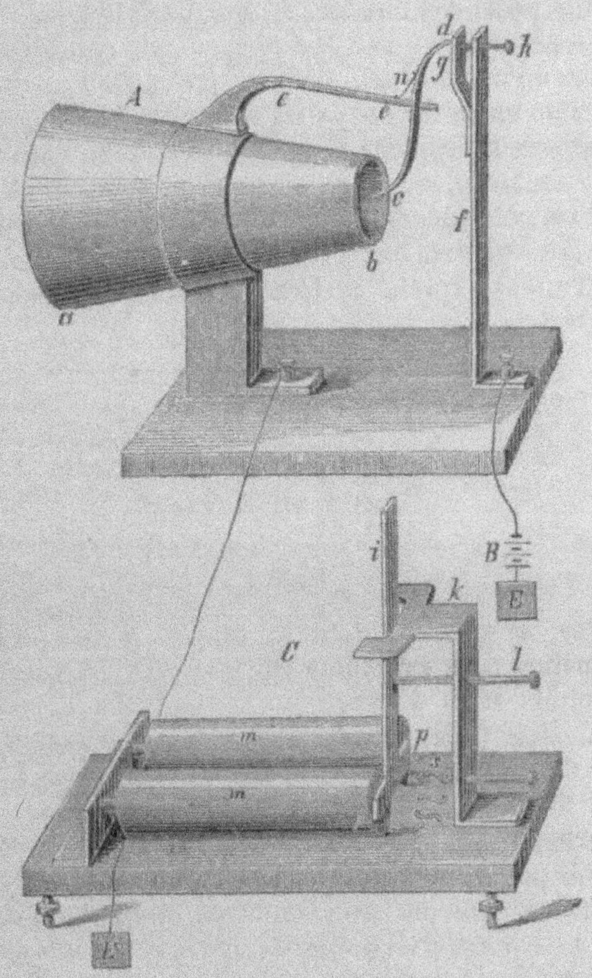

Fig. 8.

sort *d*, *c*, le support *e*, le porte-voix *a*, *b*, par son piédestal, et enfin par le fil conducteur qui y est fixé, pour

se rendre à l'appareil récepteur C. Le courant de retour nécessaire à l'établissement du circuit, passe par les plaques posées en terres E, E, qui, dans la figure 8, ne sont représentées que théoriquement ; du reste, il faut se figurer qu'il existe une distance quelconque assez considérable entre les points où sont placés les appareils.

L'appareil récepteur C se compose d'un électro-aimant double m, m, placé sur une caisse sonore W. Devant les pôles de cet aimant se trouve une armature p, p, reliée avec la barre verticale i. Cette barre est munie d'un axe rotatif horizontal, qui peut, entre des

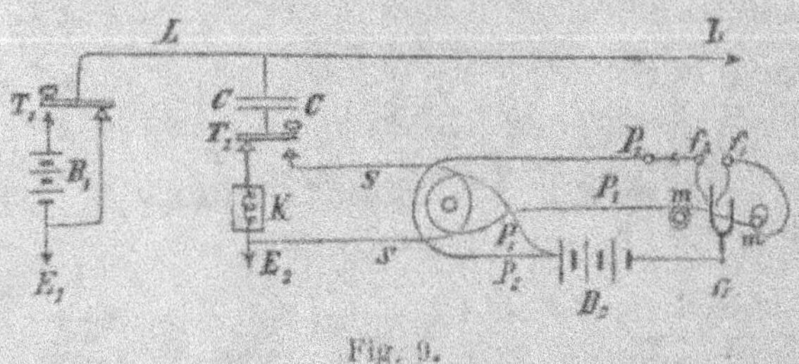

Fig. 9.

pointes, se mouvoir dans le support k avec facilité. L'armature p, p, est réunie par une vis avec un ressort en spirale et la distance jusqu'à laquelle l'armature peut, sous l'attraction du ressort s, s'éloigner des pôles de l'aimant, est réglée au moyen de la vis l.

Par suite des interruptions rapides du courant, l'armature, par ses balancements également rapides, reproduit par les coups qu'elle porte contre les pôles, le son qui devient par cela beaucoup plus sonore qu'avec l'ancien appareil récepteur décrit plus haut, qui ne reproduit le son que par suite des vibrations longitudinales du noyau de l'aimant, c'est-à-dire par suite de ses mouvements moléculaires.

Avec ce téléphone perfectionné on pouvait non seulement transmettre des mélodies, mais même des paroles, bien que cependant d'une manière assez imparfaite.

Une intéressante modification de l'ancien téléphone Reis fut faite en 1865 par S. Yeates à Dublin, qui établit l'appareil récepteur (comme Reis l'avait déjà fait dans son téléphone perfectionné) avec un électro-aimant double et une armature mobile. Mais dans le transmetteur, entre le petit disque de métal posé sur la membrane et la pointe de contact mobile qui se trouve au-dessus, il introduisit une goutte d'eau faiblement acidulée, de sorte qu'au lieu d'une série de courants intermittents, il obtint dans le circuit un courant continuel, dont la force variait avec les vibrations de la membrane, suivant que la pointe du contact s'approchait du petit disque métallique ou y touchait. En novembre 1865, Yeates présenta cet appareil à une séance de la société philosophique de Dublin, et il réussit, dit-on, à transmettre des paroles d'une façon assez distincte; il ne donna cependant pas suite à cette invention.

Un successeur de Reis dans la fabrication des téléphones à musique a été Cromwell Varley de Londres, qui, en 1870, construisit un appareil similaire, en y adaptant un diapason ou langue de métal vibrante. Dans cet appareil le diapason est en communication avec ce que l'on nomme un condensateur électrique, et le son musical est produit par le chargement et le déchargement rapide du condensateur.

Le principe de l'appareil de Varley, nommé télégraphe musical, repose sur ce point, qu'un son produit à une extrémité d'un fil, dans lequel circule un courant électrique intermittent, se reproduit à l'autre extrémité du fil; c'est donc exactement le même principe que celui qui servait de base au premier appareil de Reis.

Varley résolut le problème d'une manière un peu différente, en employant, pour interrompre le courant
électrique, le corps qui sert à produire le son, c'est-à-
dire le diapason. De cette manière le courant, dans une
unité de temps, éprouve autant d'interruptions qu'il
se produit de vibrations ou ondes sonores provenant
du corps qui résonne. Il est facile de comprendre que,
par l'électro-magnétisme ou par d'autres moyens, les
interruptions et réouvertures rapides du courant doivent
produire à l'autre bout du fil conducteur un son semblable à celui que le corps a donné au point de départ
du fil.

Dans sa patente datée de 1870, Varley propose de se
servir de son appareil téléphonique en relation avec les
appareils de télégraphie ordinaire en y excitant des
ondulations électriques très rapides, qui n'ont qu'une
influence très faible sur les effets mécaniques ou chimiques des courants ordinairement employés aux
signaux télégraphiques, mais qui peuvent cependant
produire des signaux distinctement appréciables par
l'oreille ou autrement. « Un électro-aimant, dit Varley, oppose, au premier moment, au passage du courant
électrique une grande résistance, et peut par cela
même, en ce qui concerne la transmission de changements très rapides de courants ou d'ondulations de
courants, être regardé comme partiellement impas-
sable (opaque).

Dans la figure 9 la disposition de l'appareil de l'une
des extrémités du circuit est représentée d'après le système de Varley. L'appareil placé à l'extrémité gauche extérieure du circuit L se compose d'un manipulateur
T' réuni avec la batterie galvanique B' ; cette disposition
est tout à fait semblable à celle que l'on emploie pour
la transmission de l'écriture Morse dans la télégraphie

ordinaire; mais à droite on a intercalé l'appareil de téléphonie nécessaire pour chaque station. Sur le circuit L est relié un condensateur C, avec lequel communique un second manipulateur T^2. Les autres parties du système comprennent une batterie galvanique B^2, un diapason G, une bobine d'induction avec deux spirales primaires P^1 et P^2 et une spirale secondaire S qui communique avec le récepteur K, que Varley appelle Cymaphone. $E, E,$ sont des plaques posées en terre pour le courant de retour.

Nous examinerons d'abord la production et la transmission des oscillations du diapason dont il s'agit ici spécialement. Le diapason G, accordé pour reproduire un certain son, a une de ses branches allongée et placée entre deux ressorts minces f^1 et f^2. Un des pôles de la batterie B^2 est réuni avec le manche du diapason, tandis que l'autre pôle de cette batterie est en même temps en communication avec la première spirale primaire P^1 et la deuxième spirale primaire P^2, de là bobine d'induction. L'autre bout de la première spirale primaire est réuni avec une paire de petits électro-aimants m, m, et par eux avec le ressort b^1. L'autre bout de la deuxième spirale primaire est en communication directe avec le ressort f^2. Un des bouts de la spirale secondaire est conduit en terre au point E^2, tandis que l'autre bout est réuni avec le manipulateur T^2.

Lorsque la branche allongée du diapason se trouve courbée de façon à ce qu'elle vienne en contact avec le ressort f^1, il passe un courant par la première spirale, primaire P^1 et par l'électro-aimant m, m. Ces aimants écartent légèrement les branches du diapason et la branche allongée quitte le contact f^1 pour toucher le contact f^2, de sorte qu'il passe un courant dans la deuxième spirale primaire P'. Mais pendant que le courant est interrompu dans le circuit du courant primaire, la branche retourne au ressort f' et quitte de nouveau les électro-aimants. Cela continue ainsi tant que les électro-aimants tiennent le diapason en oscillations et, par suite, des courants intermittents et momentanés passent alternativement par la première et la deuxième spirale primaire. Ces deux spirales primaires sont enroulées en sens inverse et par suite les courants induits dans la spirale secondaire sont alternativement de direction opposée. C'est ainsi que l'on excite dans la spirale secondaire une suite d'ondulations électriques, dont le nombre correspond à celui des vibrations du diapason. Par suite de la pression exercée sur le manipulateur, le condensateur se trouve, par le fait de ces ondulations, alternativement chargé et déchargé, et il se produit dans le circuit une série d'ondulations électriques correspondantes, qui se transmettent à la station éloignée.

D'après le dire de Varley on peut également employer une languette métallique pareille à celle que l'on emploie dans les accordéons, dont les vibrations entre les contacts agissent sur l'air qui met à son tour le condensateur alternativement en communication avec la batterie et la terre, ou avec le pôle positif et le pôle négatif de la batterie, si les pôles opposés de la batterie sont reliés avec la terre. Comme générateur de courant, Varley propose également d'employer une machine magnéto-électrique tournant avec rapidité et contrôlée par un bon régulateur.

Pour utiliser ces vibrations à l'usage des cymaphones (voir plus haut), Varley a construit un appareil fort ingénieux. La partie principale de cet appareil se compose d'un fil de fer ou d'acier fortement étiré et tendu sur deux chevalets placés sur une caisse sonore. Ce fil passe à travers une spirale de fil de cuivre entouré de soie et à chaque bout du fil est attaché un électro-aimant en forme de fer à cheval. Lorsque les courants électriques traversent la spirale, le fil de fer se trouve aimanté et alternativement attiré ou repoussé par les deux électro-aimants. Si la tension du fil est réglée de façon à ce qu'il vibre synchroniquement avec l'appareil éloigné et qu'il produise les mêmes changements de courant, on peut avec des courants très faibles produire des sons très distincts. On peut également placer une petite pièce de monnaie sur la caisse sonore; cette pièce est mise en danse par les oscillations et augmente la force du son. Comme caisse sonore une peau de tambour tendue remplit très bien le but. D'autres cymaphones peuvent se construire de la manière suivante :

On prépare un condensateur avec du papier sec et des feuilles métalliques (papier d'étain) dont le chargement et le déchargement rapide produisent un son musical.

Par l'emploi de la découverte de Page citée plus haut, une barre de fer produit des vibrations longitudinales, si elle est alternativement et rapidement aimantée et désaimantée : de même une languette d'accordéon peut être mise en vibration distincte, si elle est entourée par une spirale de fil, par lequel on lance des courants alternatifs; ce cas se produit surtout si un faible courant d'air passe par-dessus la languette. En ajoutant des tuyaux d'une longueur appropriée et des caisses sonores, on peut encore augmenter le son.

Si l'on fixe la languette aimantée à un peigne musical que l'on place entre les pôles d'un électro-aimant avec un petit noyau de fer, ou dans une spirale de fil métallique, celle-ci se mettra en vibration par le passage des ondulations électriques . Cette disposition, de même que celle d'un fil d'acier tendu entre des électro-aimants, ne produira cependant des sons, que si les vibrations qui passent se trouvent en harmonie avec la languette ou le fil métallique; enfin deux ou plusieurs séries de vibrations peuvent être mises en action sur un nombre correspondant de différents appareils mis d'accord, de sorte que l'on peut transmettre différentes communications en même temps par un seul et même circuit. En intercalant un commutateur synchronique entre le condensateur et le Morse, ou tout autre appareil récepteur, les courants alternatifs peuvent servir de la manière ordinaire au fonctionnement de cet appareil.

Deux autres points à l'avantage du système Varley méritent encore d'être particulièrement cités, ce sont d'abord la possibilité de l'employer avec le système Duplex (double parleur), et ensuite la faculté, par suite de l'intercalation d'une paire d'électro-aimants dans le circuit, de pouvoir partager celui-ci en parties séparées, qui, tout en laissant librement passer les signaux ordinaires, empêchent cependant le passage de signaux ondulatoires, de sorte que pendant que le fil conducteur est employé dans son entier, on peut encore en même temps l'utiliser par fractions pour la transmission de télégrammes locaux.

Paul Lacour, sous-directeur de l'institut météorologique de Copenhague, a inventé un autre système de télégraphie téléphonique. Les premiers résultats de ses travaux sont indiqués dans une patente anglaise du 2 septembre 1874. Son premier essai fut exécuté le 5 Juin 1874, sur une petite fraction d'une ligne télégraphique à Copenhague; mais comme l'on craignait que les vibrations sur une distance plus longue ne pussent être distinguées, Lacour fit de nouvelles expériences au mois de novembre de la même année entre Friédéricia (dans le Jütland) et Copenhague, c'est-à-dire sur une distance de 390 kilom., sur un circuit composé, partie par un câble sous-marin et partie par une ligne souterraine. Même en employant de faibles courants, il obtint un résultat satisfaisant et les sons excités par les pulsations du courant pouvaient être distinctement entendus.

L'appareil transmetteur de Lacour est représenté figure 10. L'interrupteur de courant (Interrupteur) se compose d'un diapason S dont le manche est fixé horizontalement sur une sellette en bois. Lorsque ce diapason entre en vibration, il établit le contact avec le ressort

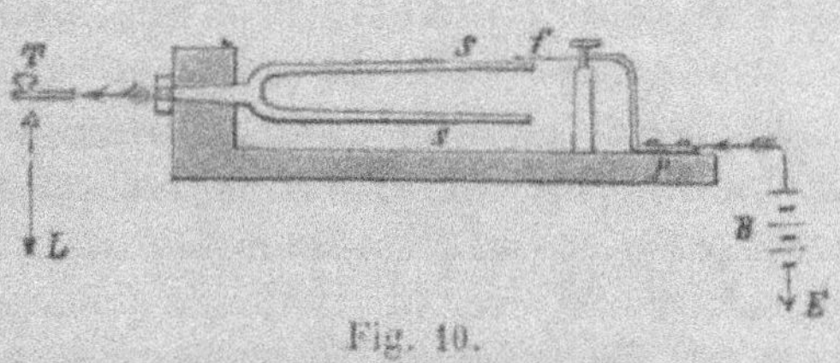

Fig. 10.

f dont la position peut-être réglée au moyen d'une vis. Le support du ressort f est isolé de la sellette par une plaque en caoutchouc durci et il est nécessaire que la vis de réglage du ressort soit également isolée.

Lorsque le manche du diapason est mis en communication au moyen du manipulateur E avec le pôle de la batterie génératrice B dont l'autre pôle est mis en terre au point E, et que le ressort f se trouve en communication avec le circuit, ou lorsque, comme le représente la figure 10, cette communication existe de la manière opposée, par la réunion de la batterie B, avec le ressort f et celle du manche du diapason par le manipulateur T avec le circuit, pendant que le fil de retour passe par les plaques de terre EE, un courant intermittent traversera le circuit chaque fois qu'on appuiera sur le manipulateur T. Les interruptions de courant seront naturellement égales au nombre des vibrations du diapason et isochrones avec elles. Ce manipulateur se manie comme un manipulateur ordinaire, mais en place de courants continus, il passera comme il est dit plus haut des courants intermittents. Le nombre des interruptions de courant obtenues dans une seconde dépend du diapason. Par l'emploi d'un deuxième contact avec la seconde branche du diapason, on peut alternativement, comme par le système Varley, exciter dans le circuit une série d'impulsions opposées.

La figure 11 représente l'appareil récepteur de Lacour; celui-ci se compose d'un diapason qui n'est pas en acier comme celui du transmetteur, mais qui est fait en fer doux, et dont les deux branches sont entourées par des bobines de fil c, c, de sorte que ce diapason représente un électro-aimant à deux branches placées perpendiculairement, dont les pôles se trouvent tout près en dessous des branches du diapason dont les extrémités dépassent la bobine, ce qui leur laisse la faculté d'entrer librement en vibrations. Le courant venant du circuit général L passe d'abord par les bobines de fil, c, c, du diapason, puis se rend par E vers la terre à travers les bobines de l'électro-aimant m, m. De cette manière il se produit dans les branches en fer du diapason une polarité opposée à celle des aimants m, m, et, comme les extrémités des branches du diapason se trouvent juste au-dessus des pôles opposés de l'électro-aimant, elles sont fortement écartées l'une de l'autre et mises en vibrations rapides par le courant intermittent. Par suite le diapason du récepteur, figure 11, se mettra en vibrations concordantes avec le diapason du transmetteur de la figure 10. Ces vibrations amènent le contact de l'une des branches du diapason avec le ressort F, et il en résulte un courant local de la batterie B, de

sorte que ce récepteur est organisé comme un relais de
forme ordinaire.

De cette manière les courants ondulatoires peuvent
servir au fonctionnement d'un appareil ordinaire Morse
ou de tout autre appareil de télégraphie.

« Je n'ai pu encore, dit Lacour à l'Académie royale
des sciences de Danemark en 1875, calculer le temps
nécessaire pour produire dans le diapason du récepteur des vibrations d'un ordre déterminé ; le temps
est fonction de différents facteurs ; des expériences
m'ont démontré que
le temps qui s'écoule
avant la fermeture
du circuit local n'est
qu'une fraction
d'une seconde, si
petite, qu'elle est,
pour ainsi dire,
presque inapprécia-
ble, même si l'on
opère avec un cou-
rant très faible. »

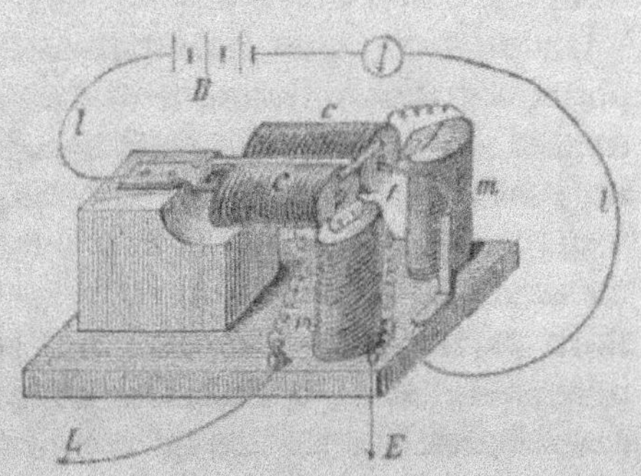
Fig. 11.

L'avantage de ce système consiste, en ce qu'il admet
facilement la télégraphie-multiplex, qu'il permet la
transmission simultanée par un seul fil d'un certain
nombre de signaux et enfin que le courant local permet,
pour la transmission des télégrammes, l'emploi de certains appareils télégraphiques usuels. Le courant intermittent n'a d'action que sur un diapason accordé à l'u-
nisson avec le diapason qui produit les interruptions
de courant. On peut donc, par suite, employer un certain
nombre de diapasons différemment accordés, qui sont
disposés comme dans la figure 10, et qui peuvent servir à
envoyer en une fois avec le manipulateur, une quan-

tité de courants intermittents dans le circuit. Par ce moyen les diapasons à accord semblable qui seront installés comme l'indique la figure 11, résonneront tous ensemble à la station de réception. Ces ondulations de courant produites en même temps sur un fil conducteur ne peuvent se déranger l'une l'autre en aucune façon. Le diapason mis à l'accord est toujours excité par son courant particulier, et si on n'y lance point de courants, il restera en repos, tandis que les autres diapasons en relation avec le circuit dont les courants sont en action, feront retentir leur son.

On peut donc, en baissant en même temps deux ou plusieurs manipulateurs, et au moyen d'une combinaison de signaux élémentaires, jouer, pour ainsi dire, un mot sur deux ou plusieurs diapasons, comme si l'on jouait sur les touches d'un piano. Les signaux donnés en même temps de cette manière peuvent également faire partie d'une dépêche déterminée. Ces procédés permettent donc à la station extrême d'un circuit télégraphique de se mettre en communication avec une ou plusieurs stations du milieu, ou aux stations du milieu de communiquer avec la station extrême, sans que dans aucun cas le service des autres stations puisse être dérangé. On peut également échanger ainsi un signal entre deux stations quelconques, sans qu'il puisse être reçu par les autres stations. Dans tous les cas, où il devient important, comme à la guerre ou dans le service des incendies, etc., de ne transmettre des signaux qu'à des points déterminés, ce système est parfaitement applicable et possède une grande valeur.

Le même mode de fonctionnement pour la transmission de plusieurs signaux en même temps est applicable au fonctionnement du pan-télégraphe ou télégraphe à fac-similé. Dans les pan-télégraphes actuels

de Bain, Caselli et autres, il n'y a qu'un seul style tra-
ceur qui agisse, et il faut que celui-ci passe par toute
la surface du papier du télégramme pour en reproduire une copie ; mais avec l'appareil télégraphique de
Lacour il est possible d'employer une grande quantité
de styles, qui sont rangés comme un peigne les uns à
côté des autres, et il suffit de tirer ce peigne dans un
sens pour qu'il passe en une fois sur tout le télégramme.
On peut ainsi produire une copie fidèle du télégramme
en beaucoup moins de temps qu'avec les méthodes
antérieures.

Lacour ajoute également à son système ce que Varley
prend en considération pour le sien ; c'est-à-dire, que
des courants ordinaires peuvent passer du circuit par
le récepteur, sans que leur passage apporte aucun
trouble dans le fonctionnement de ces appareils,
pourvu cependant que ces courants ne soient pas très
forts. L'avantage qui en résulte consiste en ce que les
courants atmosphériques et terrestres ne troublent
point le fonctionnement de ce système de télégraphie
téléphonique, comme cela arrive avec les autres systèmes.

Ainsi qu'il ressort de la description que nous avons
donnée de l'appareil transmetteur, il existe dans le système Lacour un défaut, en ce que le diapason transmetteur n'est pas soutenu dans ses vibrations, de sorte
que par suite de la résistance de l'air, celles-ci sont
finalement forcées de cesser. Plus tard dans une patente anglaise de 1876, Lacour décrit un perfectionnement à son appareil, qui remédie à cet inconvénient.
Ce perfectionnement consiste en ce que l'énergie vibratoire du diapason transmetteur peut être conservée au
moyen d'électro-aimants excités par les interruptions de
courants provenant du diapason lui-même après que
celui-ci a d'abord été mis en vibration avec la main. Cet

appareil ressemble beaucoup au récepteur représenté figure 11; aussi n'avons-nous pas besoin d'en donner d'autre explication. Par suite de cette organisation les diapasons restent constamment en vibration continuelle et en touchant les manipulateurs, on peut envoyer dans le circuit une suite de sons intermittents. « Un tel courant, vibrant continuellement, dit Lacour, peut aussi servir à d'autres usages qu'à l'usage télégraphique ; car sa régularité est si grande que, pour des milliers de courants, il n'y a pas autant de divergence ou différence que dans un seul courant de la moyenne normale de l'appareil ordinaire. Employé comme régulateur pour régler les mouvements des horloges, cet appareil donne dans beaucoup de cas une exactitude plus grande qu'avec un bon pendule de compensation. »

On peut encore citer ici deux autres perfectionnements de l'appareil Lacour. Il propose l'emploi d'une ou de plusieurs bobines d'induction mises en relation avec les diapasons transmetteurs. Les bobines primaires sont intercalées avec les diapasons dans un circuit, tandis que la bobine secondaire fait partie du circuit général. De cette manière, le circuit est traversé par une série de courants alternativement positifs ou négatifs, qui produisent des courants ondulatoires. Cette méthode facilite et simplifie beaucoup l'opération et permet le passage simultané d'un plus grand nombre de courants, sans qu'ils se dérangent l'un l'autre.

L'autre perfectionnement consiste dans le moyen de rendre la durée du courant local de l'appareil récepteur semblable au courant agissant et ondulant qui ferme le courant local. Dans ce but le diapason de l'appareil récepteur est construit de manière à rendre son point d'inertie aussi petit que possible, de façon à ce qu'il puisse entrer rapidement en vibration et revenir de même aussi

rapidement à l'état de repos. Le moyen qui a le mieux
réussi à cet effet a été d'introduire d'abord les deux
branches du diapason dans une même bobine, de
façon qu'elles puissent y vibrer librement et de pro-
longer en arrière le pied du diapason, de sorte qu'après
s'être recourbé, il passât à travers une seconde bobine
se divisant en deux branches et embrassant sans les
toucher les deux branches vibrantes. Lorsqu'un courant traverse les deux bobines, il produit dans ces
deux systèmes qui constituent une sorte d'électro-aimant
en fer à cheval, des polarités contraires qui provoquent
une double réaction sur les branches vibrantes, réaction par répulsion exercée par ces deux branches en
raison de leur même polarité, réaction par action, par
les deux autres branches en raison de leurs polarités
contraires. Cette double action est renouvelée par le
jeu d'un interrupteur de courant adapté à l'une des
branches vibrantes du diapason qui sert à reproduire
par interruption du courant les vibrations désirées.

Un troisième système de téléphone musical est celui
que l'on appelle télégraphe-électro-harmonique d'Elisha
Gray de Chicago. En 1874, quelques mois avant Lacour,
Gray prit une patente anglaise pour un moyen de
transmettre des sons musicaux, de n'importe quelle
élévation, par un circuit électrique traversé par une
série d'impulsions électriques correspondant au nombre
des vibrations composant le son. La série des courants
peut être produite par l'emploi d'une bobine d'induction, dans laquelle un courant de la bobine primaire,
interrompu par un électrotome vibrant ou un interrupteur, fait naître dans la bobine secondaire une série
d'impulsions induites de haute tension. Ces impulsions
induites lancées dans le circuit produisent par leur
action sur une bobine contenant un noyau de fer

(comme dans le système de Varley) ou par leur mise en communication à travers un tissu vivant, en communication avec une caisse sonore, un son correspondant à la somme de la série des impulsions. Sans parler des détails du mécanisme, cette dernière méthode d'excitation constitue la nouveauté particulière de cette patente et sans aucun doute un fait des plus curieux qui demande encore une explication. Par le passage du courant à travers un tissu vivant, on veut dire l'intercalation dans le circuit du courant secondaire d'une personne vivante dont les mains ou tout autre partie du corps sont mises en contact avec un conducteur d'électricité pouvant donner de la résonnance, de façon à ce que le circuit, se trouvant ainsi fermé, les impulsions passent à travers le corps vivant, et y produisent un nombre correspondant de vibrations; si celles-ci sont d'un rapport et d'une intensité suffisants il se produira un son musical, dont la qualité dépend de la nature de la substance résonnante, mais qui sera de la même élévation que celui qui sera produit par les vibrations de l'interrupteur vibrant de l'appareil transmetteur. Ce corps résonnant peut consister en un mince cylindre métallique, ou en un disque de métal tendu sur une caisse de violon au moyen de cordes métalliques, en une feuille de papier tendue sur une bague ou en tout autre disposition similaire. Nous allons maintenant décrire un résonnateur spécialement destiné à cet usage.

Dans cette première patente de Gray, il n'est pas encore dit un mot du système de télégraphie multiplex. Il propose pour l'emploi de son système télégraphique de remplacer l'alphabet Morse qui se compose, pour chaque lettre, de simples signes se suivant dans un certain ordre, par l'emploi de sons de différente hauteur

pour chacune des lettres. Ces sons peuvent se produire
en séries plus rapides que les signes imprimés ou gravés,
et la durée de transmission doit être plus courte que
dans le système employé jusque-là pour leur reproduction.

Si l'on emploie encore l'écriture Morse, on peut représenter les points par un son, et les raies par un
autre son.

Mais sans parler de l'écriture Morse, on peut reproduire des signaux par diverses combinaisons faciles à

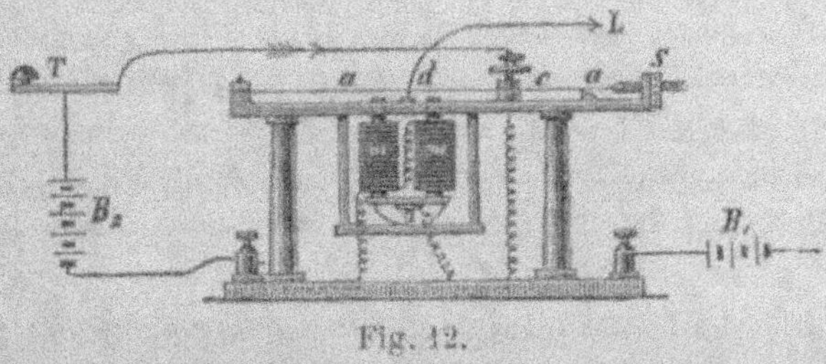

Fig. 12.

percevoir, de sorte que l'employé du télégraphe a les
yeux et les mains libres pour transcrire la dépêche.

Dans les patentes anglaises qui suivirent en 1875-
1876, Gray décrit l'emploi de son téléphone dans la télégraphie-multiplex, et l'emploi de l'appareil Morse ordinaire, comme récepteur mis en communication avec le
téléphone actionné par une batterie locale. La figure 12
représente le transmetteur ou envoyeur d'après une
des constructions de Gray; celui-ci est basé sur la loi
que toute barre, ou corde vibrante d'une longueur,
largeur, épaisseur ou tension déterminées, produit,
dans une seconde, un certain nombre de vibrations
et par suite un certain son musical, qui représente
le son fondamental de la barre ou de la corde.

Dans l'appareil dessiné ci-contre une barre mince d'acier ou un fil *a* de même métal est tendu au moyen de la vis S ; cette barre est fixée par un côté sur un petit bloc et tout cet arrangement repose sur deux petites colonnes, au milieu desquelles est suspendu l'électro-aimant *m*, *m*. Les pôles de l'électro-aimant traversent le bas de la sellette, de façon à se trouver juste au-dessous de la barre d'acier *a* ; *e* est un contact d'ajustage qui est placé sur le fil *a*, tandis qu'en dessous de la barre *a* se trouve un deuxième contact au point *d*. Entre ces contacts le fil peut vibrer librement.

Au moyen de la batterie locale B et du manipulateur T on fait passer un courant par le contact *e*, le fil vibrant ou barre *a* et les électro-aimants *m*, *m*. Ces électro-aimants attirent aussitôt le fil *a* et l'éloignent du contact *e*. Par suite le courant se trouve rompu, et les électro-aimants perdant leur force d'attraction, la barre *a* vibre en arrière, se remet de nouveau en contact avec *e*, et rétablit aussitôt de nouveau le courant qui produit le même effet que la première fois. De cette manière la barre *a* se trouve maintenue en vibration continuelle, aussi longtemps que le manipulateur T reste baissé. La barre vibrante est employée à fermer le circuit dans lequel se trouvent la batterie B, le contact inférieur *d*, la barre *a* et l'appareil de l'autre station, tandis que la terre forme la conduite de retour. A chaque vibration la barre *a* se trouve en contact avec *d* et par suite le courant est interrompu aussi souvent que la barre éprouve une oscillation, c'est-à-dire aussi souvent que des vibrations se produisent dans sa note fondamentale.

En appuyant sur le manipulateur T, on produit la vibration de la barre, par cela le circuit se trouve fermé et un courant intermittent part vers la station éloignée.

L'appareil récepteur (figure 13) de la station éloignée est semblable à l'appareil transmetteur. Le courant passe par le fil du circuit général L dans les électro-aimants m, m et de là par E dans la terre et met par suite de l'excitation des électro-aimants m, m, la barre d'acier tendue en vibration; cette barre possède une dimension et une tension réglées de façon à donner la même note fondamentale que la barre vibrante de l'appareil de transmission. La barre, ainsi mise en vibration, peut être par suite arrangée de façon à donner un son distinct d'une élévation semblable à celui de la barre du transmetteur, ou bien elle peut servir par le toucher du contact c, à fermer un courant local l, dans lequel est intercalé soit un électro-aimant, soit un autre appareil à signaux, soit un relais. Comme les interruptions

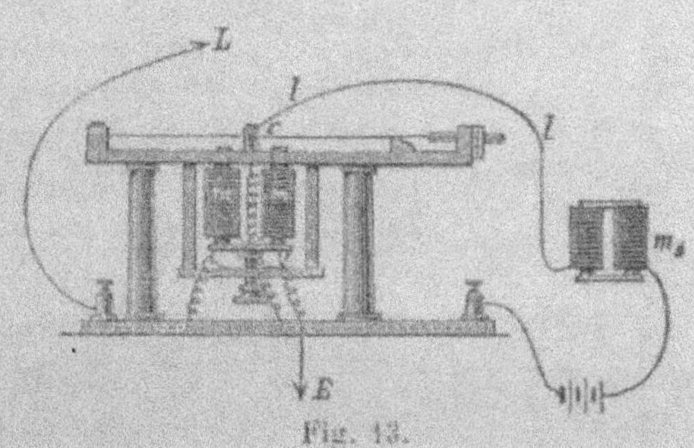

Fig. 13.

dans le courant local l sont trop courtes pour empêcher l'électro-aimant de se démagnétiser complètement, celui-ci tient son armature fixe, et la manière d'agir des courants intermittents sera exactement la même que celle d'un courant continuel.

On comprend facilement que l'on puisse organiser à la station de départ un nombre quelconque de ces appareils transmetteurs, dont chacun sera relié avec son appareil récepteur à l'autre station. On peut aussi, par suite, avec ce système, envoyer par un même fil et en même temps un certain nombre de télégrammes, puisque chaque appareil résonne à l'unisson avec son appareil transmetteur. Ainsi, d'après le dire de Gray, on peut

établir autant d'appareils transmetteurs et de courants
locaux indépendants les uns des autres qu'il y a de tons
entiers ou de demi-tons dans deux ou plusieurs oc-
taves ; et chaque barre vibrante peut être accordée sur
un ton de la gamme différent. Les appareils peuvent
être posés l'un à côté de l'autre et leurs manipulateurs organisés comme les touches d'un clavier, de telle
sorte que le système se laisse facilement jouer et que
l'on puisse à volonté produire des combinaisons de sons.

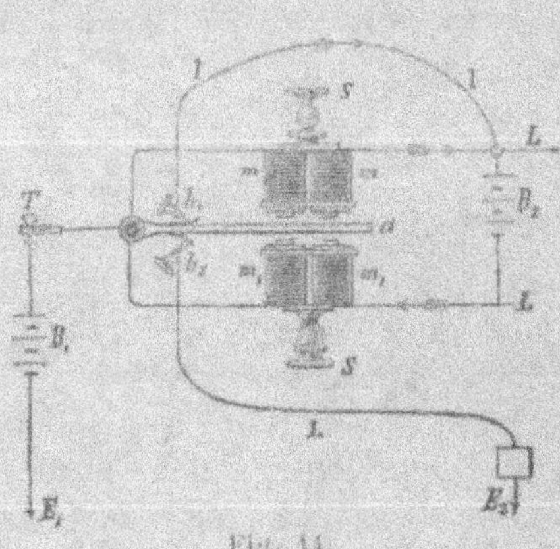

Fig. 14.

Par contre on peut
aussi monter les ap-
pareils transmet-
teurs éloignés l'un de
l'autre. A la station
de réception on mon-
tera de même un
nombre correspon-
dant d'appareils, soit
l'un près de l'autre,
soit séparés par des
distances quelcon-
ques.

Au lieu de recevoir les vibrations par des électro-aimants, comme on vient de le décrire, l'on peut aussi
les faire agir sur une plaque métallique vibrante, qui
est suspendue au-dessus d'un violon, ou employer un
résonnateur ou même des tuyaux d'orgue, dont chacun est accordé sur une note fondamentale, et l'on
peut choisir à volonté un ton simple ou un ton composé.

Une autre méthode de Gray pour la transmission
télégraphique des sons est représentée par la figure 14.

Cet appareil se compose d'une lamelle formant ressort a, accordée sur une note quelconque, et fixée de
façon à vibrer entre les pôles de deux paires d'électro-

aimants m, m', qui peuvent, au moyen des vis s, s, être
approchés ou éloignés de la lamelle à ressort. La
lamelle a, est armée de deux ressorts, qui sont munis
de petites pointes de platine qui produisent des changements de contact aux pointes de deux petites vis
b_1, b_2, sitôt que la lamelle est mise en vibration. Cette
lamelle est mise en vibration par une poussée et maintenue en cet état au moyen de ce que l'on appelle la
batterie magnétique B_2, de la manière suivante : Le circuit de la batterie magnétique est, comme on peut le
voir par la figure 14, complété par les deux électro-
aimants, m, m'. Ceux-ci suspendent mutuellement leur
action, aussi longtemps que la lamelle a se trouve
entre eux à l'état de repos. Mais si la lamelle est mise
en oscillation, les ressorts ferment et ouvrent le courant aux points b_1, b_2. Chaque fois que le contact b_2
est fermé et que le courant de la batterie B_2 est fermé
en court circuit par le branchement l, l, l'électro-aimant m cesse de fonctionner, et la lamelle a, restant
soumise à la seule attraction de l'électro-aimant m_1, est
par suite attirée en bas. Ce faible choc magnétique en-
tretient la continuation des vibrations de la lamelle, le
contact aux points b_1, b_2 est par suite de nouveau ouvert, et l'électro-aimant m de nouveau intercalé dans le
circuit du courant principal de la conduite L, L : mais
cette intercalation de l'électro-aimant m n'est que mo-
mentanée, car les vibrations continues de la lamelle a occasionnent toujours au point b_2 des contacts alternatifs.

La lamelle a, maintenue ainsi en vibration constante,
est aussi employée à interrompre le courant du circuit
au moyen de l'autre ressort de contact au point b_1 ; la
batterie d'envoi B qui relie ensemble le bouton d'appel
T, et le circuit L, L, sont réunis ensemble. Aussi souvent que le manipulateur T sera abaissé, il passera un

courant par le circuit *L L*; mais celui-ci sera également
interrompu de nouveau, par les interruptions produites
dans le circuit par la lamelle vibrante *a*. Ces interruptions correspondent naturellement à la somme des vibrations de la lamelle, et si l'emploi du courant se suit
d'une manière voulue, celui-ci produira à l'autre bout
du circuit un son semblable à celui que la lamelle *a* fait
entendre.

La figure 15 montre un simple appareil récepteur
électro-magnétique, avec lequel on peut produire des
sons parfaitement distincts ; il consiste en un double

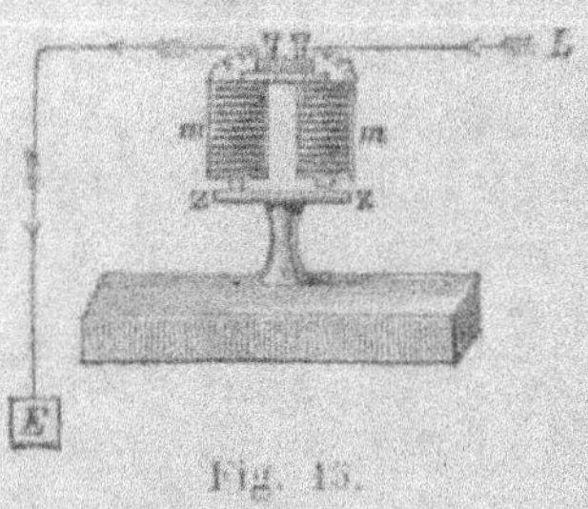

Fig. 15.

électro-aimant *m*, fixé sur une
boîte en bois fermée d'un côté,
et ouverte de l'autre. L'armature de l'électro-aimant est
composée d'une languette
d'acier ZZ, dont un bout est
solidement fixé avec un des
pôles magnétiques, tandis que
l'autre bout demeure libre, et
peut vibrer juste au dessous de l'autre pôle magnétique.
Si le courant intermittent du circuit L passe par cet
électro-aimant en se dirigeant vers la terre au point E,
le bout libre de la languette d'acier est alternativement
attiré par le pôle magnétique et mis en liberté ; par
suite la languette d'acier vibre avec le courant. Cette
languette est accordée de façon à donner le même ton
fondamental que le résonnateur, qui est également
accordé pour produire la résonnance maximum du ton
désiré. Ainsi l'intensité de la note fondamentale de la
languette vibrante sera amplifiée par le concours du résonnateur suivant les lois connues de l'acoustique.
Avec cet appareil un son transmis ne pourra être reproduit qu'à la condition de vibrer à l'unisson avec le

son de la boîte, autrement ce son ne pourra être entendu. Dans ces conditions, l'appareil agit comme un analyseur des vibrations transmises et peut-être employé pour la télégraphie-multiplex. Car, si un nombre quelconque d'appareils transmetteurs semblables à la figure 14, se trouvent intercalés dans le circuit du courant et sont mis en activité, et si chacun de ces appareils est uni, à la station de réception, avec un analyseur (figure 15), accordé avec lui à l'unisson, le courant qui passera par le circuit, bien que composé de différents courants intermittents, sera trié par les analyseurs, comme, pour ainsi dire, par un tamis, et séparé de nouveau en chacun de ses tons différents, et chacun de ces tons correspondra à la série de vibrations qui lui est propre.

Cet analyseur peut également servir à la fermeture d'un courant local, ou au fonctionnement d'un appareil Morse, ou tout autre appareil télégraphique, en tendant devant l'ouverture de la caisse un diaphragme en parchemin ou en baudruche sur lequel on adapte un contact de platine disposé de manière à rencontrer le ressort métallique relié à l'enregistreur de l'appareil Morse ou autre, chaque fois que le diaphragme prendra part aux vibrations de la colonne d'air enfermée dans la boîte.

Le récepteur physiologique de Gray est de tous les appareils de ce genre le plus intéressant, parce qu'il est le plus extraordinaire; il est représenté par la figure 16.

Le courant intermittent du circuit L est conduit vers la terre E par la spirale primaire B d'une petite bobine d'induction P, pendant que le courant de la spirale secondaire S se dirige vers l'appareil récepteur. La bobine d'induction ne constitue pas une partie absolument essentielle de l'appareil, mais elle sert à renforcer le courant. A est un pied en fer terminé au point a par deux branches traversées par un axe. Les coussinets de cet axe sont isolés, du reste du support par du caoutchouc durci. Cet axe se meut au moyen d'une petite manivelle également isolée et porte à son autre bout une boîte sonore, creuse, en bois dur, fermée en face de l'axe par un couvercle de zinc courbé,

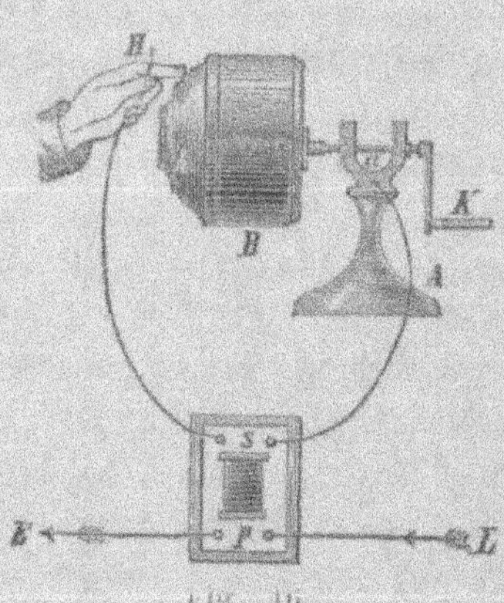

Fig. 16.

dans le milieu duquel on a pratiqué au point h un petit trou d'air. Ce couvercle de zinc courbé est réuni, à l'intérieur de la boîte, par un fil avec l'axe ; enfin l'axe et le couvercle de zinc de la caisse sonore sont en communication avec la spirale secondaire. Si, avec un doigt sec de la main, on appuie légèrement contre la surface de zinc et la boîte de résonnance, en faisant tourner lentement la manivelle, le courant entre par le doigt dans la surface conductrice de la boîte sonore, et y produit un son, dont l'élévation correspond au courant. Si dans cette expérience aucun courant n'est envoyé par la bobine d'induction, on n'entend que le frottement sec du doigt sur le zinc, mais au moment où le courant passe par les fils aux points a et H, un son musical se fait entendre distinctement, et ce son dure aussi longtemps que le courant passe. Il n'est pas facile d'expliquer pourquoi la rotation de la boîte sonore renforce le son, mais l'expérience prouve que cela a véritablement lieu.

Le téléphone Gray fut présenté pour la première fois publiquement au mois d'avril 1877, à Steinway-Hall, à New-York. Le transmetteur se composait d'un clavier de 24 touches; un clavier semblable était posé à Philadelphie, c'est-à-dire à une distance de 145 kilomètres. La musique jouée sur un piano à Philadelphie, d'après un rapport officiel du journal *le Scientific-Américan*, fut entendue à New-York dans la grande salle de Steinway-Hall; le son était généralement faible à l'exception des notes basses qui possédaient une certaine sonorité.

L'appareil Gray a fonctionné avec succès en 1877 sur les lignes télégraphiques de la Western Union Telegraph Company entre Boston, New-York et autres villes, sur des distances de plusieurs centaines de milles anglais, et l'on certifie que l'on pouvait transmettre en même temps quatre télégrammes à une distance de plus de 240 milles anglais (386 kilomètres). Dans de nouvelles expériences faites sur la ligne télégraphique de New-York à Boston, on envoya cinq dépêches en même temps par un fil à cinq télégraphistes, qui purent à chaque station expédier dans une heure 2,130 dépêches simples. Par la réunion du système Duplex (contre-parleur) avec le système quintuplex, l'inventeur espérait pouvoir transmettre simultanément jusqu'à 10 dépêches sur un seul fil.

Malgré cet admirable succès, il ne paraît pourtant pas que ces téléphones musicaux aient reçu d'application pratique, d'où l'on peut conclure qu'ils ne possèdent pas encore une marche suffisamment sûre pour fonctionner longtemps sans présenter quelques inconvénients.

Le condensateur chantant de Polard et Garnier, appelé

le Livre chantant, est beaucoup plus simple que l'appareil que nous venons de décrire. Cet [appareil, représenté par la figure 17, se compose du condensateur C, formé par environ trente feuilles de papier, entre lesquelles sont placées des feuilles d'étain; il rend la reproduction des sons musicaux possibles sans le secours d'un électro-aimant. Une mélodie, une chanson reproduite par cet appareil, ne donnent pas, il est vrai, un son parfaitement pur, mais si le chanteur est habile et règle sa voix sur les particularités de l'appareil, il peut adoucir les sons et les rendre semblables à ceux du violoncelle ou du hautbois. La grandeur des

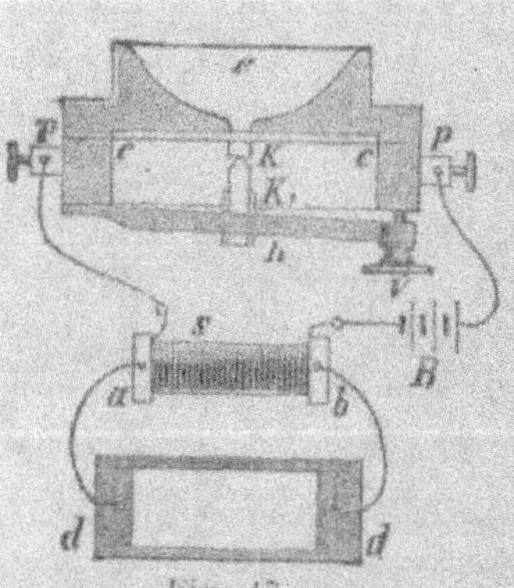

Fig. 17.

trente feuilles de papier, employées pour former le condensateur, mesure 13 centimètres sur 9, tandis que les 28 feuilles d'étain posées entre n'ont que 12 centimètres sur 6. Les feuilles d'étain de nombre pair sont reliées ensemble d'un côté, et celles de nombre impair, de l'autre. Le livre chantant, ainsi composé, est placé sur une feuille de carton dur et entouré d'une bande de papier; les feuilles d'étain sont serrées ensemble sur leurs côtés par des plaques de cuivre, munies de bornes auxquelles sont fixés les fils, qui sont en communication avec la spirale secondaire S, d'une bobine d'induction, dont la spirale primaire est intercalée dans le circuit d'une batterie galvanique B, de six éléments Leclanché, ainsi que l'appareil transmetteur (ou envoyeur).

Cet appareil se compose d'une petite bague en bois

fermée sur un côté par une plaque très mince e, e, de fer-blanc (diaphragme), qui porte une embouchure ou porte-voix c, dans lequel on chante. Sur le côté de la plaque de fer-blanc opposé à l'embouchure est fixé un petit cylindre de charbon dur K (de la même matière que celle qui sert pour les charbons des piles électriques). Au-dessous de la bague (de bois on place, d'une manière convenable, un bâton en bois h, qui porte un deuxième petit cylindre de charbon K_1, dont la position, par rapport à l'autre cylindre de charbon K, peut être réglée au moyen de la vis v, de façon à ce que les deux charbons ne se touchent pas lorsque le diaphragme e, e, est en état de repos, mais qu'à la moindre oscillation du diaphragme ils se rencontrent et forment un contact électrique pour le passage du courant.

La position des deux petits morceaux de charbons est réglée d'après l'ouïe, jusqu'à ce que trois sons puissent être reproduits distinctement l'un après l'autre. Les spires secon-

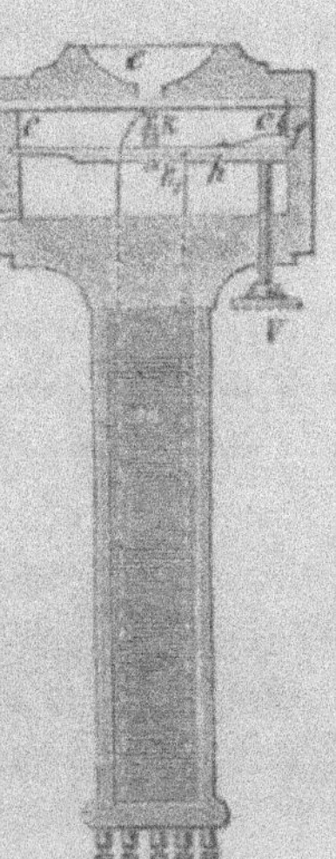

Fig. 18.

daires de la bobine d'induction S se composent de vingt couches de fil de cuivre n° 30 ou mieux n° 42, recouvert de soie, les spires primaires de quatre couches n° 16. La longueur de la bobine ne doit pas dépasser 7 centimètres; le diamètre du noyau, qui est fait de fil de fer, doit être à peu près de 1 centimètre.

L'appareil travaille bien si l'on appuie fortement la bouche sur l'embouchure, comme si l'on jouait de la flûte. Il faut que le chanteur entende lui-même les vibrations du diaphragme. A la place des deux petits morceaux de charbon, on peut également employer des contacts de platine.

L'appareil téléphonique ci-dessus décrit a été simplifié et rendu maniable par Janssens, qui lui a donné la forme que représente la figure 18. La bobine d'induction m est ici réunie avec le transmetteur, et en outre toute l'organisation a été faite de façon à ce que l'appareil s'emploie à la façon d'un téléphone parleur ordinaire. Deux de ces téléphones, avec le condensateur décrit plus haut et deux ou trois éléments Leclanché, suffisent pour établir une communication téléphonique complète entre deux stations.

Pour donner à la plaque vibrante c, c une mobilité aussi libre que possible, et ne pas gêner ses mouvements dessus et dessous par la pression de l'air, on a ménagé des ouvertures sur les côtés de la boîte du transmetteur. Par la vis v et la traverse h mobile, qui est maintenue par le ressort f, on règle la pression de contact des crayons de charbon $k\,k'$. Au moyen des cinq bornes représentées au bas de la figure 18, l'appareil peut être employé de différentes manières.

CHAPITRE III

Le Téléphone magnéto-électrique.

Les ondes sonores, qui viennent frapper contre la membrane en parchemin d'un petit tambour, peuvent être transmises à la membrane également en parchemin d'un deuxième petit tambour, si les milieux des deux membranes sont réunis par un fil fortement tendu. Si l'on prononce, devant une de ces deux membranes ainsi réunies, des paroles fortement accentuées, celles-ci, le fil eût-il 100 mètres de long, peuvent être distinctement entendues par l'oreille appliquée sur l'autre membrane. On désigne cet appareil, connu depuis plus de deux cents ans, sous le nom de *téléphone à ficelle*, et il présente sous certains rapports de l'analogie avec le *téléphone magnéto-électrique* dont nous allons faire la description.

Le principe qui est la base du téléphone à ficelle, consiste dans le fait, que la parole prononcée — le son articulé — n'est autre chose que la résultante d'ondes sonores, qui, par rapport aux conditions de leur transmission, sont soumises aux lois qui régissent en général la transmission du son.

Dans le téléphone à ficelle, la transmission des ondes sonores se produit d'une peau de tambour de l'appareil sur l'autre peau de tambour au moyen d'un corps solide intercalé entre les deux. Il est connu comme fait que les corps solides sont très propres à la transmission des ondes sonores.

Le téléphone à ficelle a été considéré comme un jouet, et véritablement on ne peut guère lui attribuer une valeur pratique; cependant le phénomène qui s'y rattache est intéressant au plus haut degré. Avant d'avoir trouvé les voies et moyens de transformer ce téléphone en un appareil pratiquement utilisable, il a fallu faire bien des progrès dans le domaine des sciences naturelles.

Nous avons appris à connaître dans le chapitre précédent quelques moyens encore bien imparfaits dont on pouvait disposer; nous avons dit qu'avec le téléphone Reis, certains mots particulièrement propres à la transmission de leurs ondes sonores pouvaient en effet être transmis, mais qu'en général l'appareil n'était pas disposé pour la transmission distincte de la parole, car, s'il permettait de bien reproduire l'élévation des sons, il ne pouvait en transmettre ni la force ni la tonalité, sans compter que les paroles reproduites avaient un son rauque et nasillard qui provenait du mode même de reproduction.

C'est en 1876, à l'occasion de l'Exposition de Philadelphie, que l'Écossais Graham Bell, habitant l'Amérique, présenta, au grand étonnement du public, un véritable téléphone, c'est-à-dire un instrument capable de reproduire le son non seulement avec son élévation, mais encore avec sa force et ses nuances, et au moyen duquel une conversation suivie pouvait s'engager entre des personnes éloignées de plusieurs kilomètres l'une de l'autre.

Le téléphone Bell repose sur un principe complètement différent de celui de Reis et doit être considéré comme une invention absolument originale.

La figure 19 montre la disposition d'un téléphone Bell. Le transmetteur (*transmitter*) et le récepteur (*receiver*) sont de construction entièrement semblable et constituent sous tous les rapports des instruments identiques. Les deux instruments sont placés en face l'un de l'autre à une distance quelconque, qui ne doit pas, bien entendu, dépasser une certaine limite, et réunis ensemble par un circuit électrique. L'une des parties du circuit (la ligne) est formée par un fil isolé, l'autre partie, par un conducteur quelconque, pour lequel

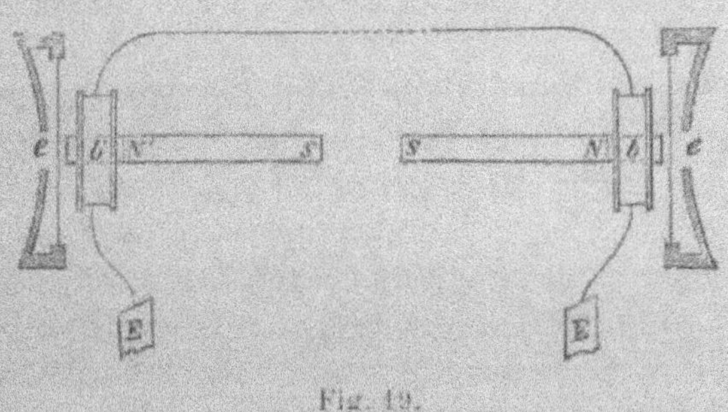

Fig. 19.

on peut également employer la terre, qui sert alors comme conducteur du courant de retour. La membrane ou le diaphragme de l'instrument se compose d'une petite plaque de fer ou d'acier mince et élastique devant laquelle se trouve le porte-voix e; derrière le diaphragme, c'est-à-dire dans l'intérieur de l'appareil, qui est enfermé dans une boîte, se trouve le barreau aimanté n, s, dont un des pôles est placé aussi près que possible de la plaque de fer, qui forme le diaphragme, sans toutefois la toucher, même si elle recevait une certaine inflexion. Sur le barreau aimanté est posée la bobine d'induction b, en fil de cuivre fin recouvert, dont les deux bouts sont réunis avec les fils conducteurs. Si l'on parle par le porte-voix de l'instrument, qui forme présentement le transmetteur, ou si l'on y lance un son quelconque, le diaphragme sera agité par des oscillations ou vibrations correspondantes. Par suite de ces vibrations, le diaphragme s'approche et s'éloigne alternativement du pôle de l'aimant. A chaque approche du diaphragme, la force magnétique du pôle se trouve accrue et donne naissance dans la bobine ou spirale *b*, à un courant électrique momentané de direction opposée au courant qui devrait traverser la bobine si elle renfermait à la place de l'aimant un simple barreau de fer.

Chaque fois que le diaphragme vibrant s'écarte du pôle de l'aimant, la force magnétique de ce dernier diminue et par suite la bobine est traversée par un courant direct. Plus les vibrations du diaphragme seront accentuées, plus puissants seront les courants excités, mais le nombre de ces courants correspondra toujours avec le nombre des vibrations du diaphragme. Le circuit est par suite traversé par une série de courants dirigés alternativement dans un sens et dans l'autre, qui se suivent sans interruption, comme des impulsions momentanées, de sorte que, dans les conducteurs de la ligne, il existe continuellement un mouvement d'ondes électriques, qui se transportent jusque dans la bobine du récepteur réuni avec le transmetteur en système téléphonique. Ces ondes de courant envoyées dans la bobine du récepteur excitent l'aimant qui se trouve dans cette bobine, et augmentent ou diminuent sa force magnétique selon leur direction, de sorte que le pôle placé contre le diaphragme du récepteur attire à lui ce diaphragme ou le laisse revenir en arrière par suite de son élasticité propre. De cette manière la plaque de fer du récepteur vibre à l'unisson avec la plaque de fer du transmetteur.

Les vibrations de la plaque du récepteur excitent dans l'air qui l'environne des vibrations analogues, ces ondes d'air s'introduisent par le porte-voix du récepteur, sous forme d'ondes sonores véritables, dans l'oreille de la personne qui écoute, et produisent, sur les organes de l'ouïe, l'impression des ondes sonores engendrées dans le transmetteur, bien que, par suite des pertes d'effet inévitables, leur intensité se trouve plus ou moins affaiblie.

On se demande encore aujourd'hui quelle est la véritable cause de la reproduction, dans le récepteur de l'appareil téléphonique, des paroles, de leur sonorité et de leur timbre.

La réponse à cette question a divisé les spécialistes en deux camps. A la tête de l'un se trouve l'électro-technicien français, le comte du Moncel, à la tête de l'autre le commandant du génie belge M. Navez.

Nous dirons quelques mots de ces deux opinions différentes.

En général, une force agissant sur un corps ne peut agir complètement sur le mouvement de la masse de ce corps, mais se trouve au contraire absorbée en grande partie par les innombrables petits mouvements que les innombrables petites parties qui composent le corps subissent par suite de cette force d'action.

Dans une transmission de force téléphonique, la force qui est produite par les changements de magnétisme aussi bien dans l'aimant du récepteur que dans la plaque de fer qui se trouve devant son pôle, produit non seulement un mouvement de masse qui se mani-feste par des vibrations transversales, causées par des mouvements alternatifs d'approchement et d'éloignement, mais encore un mouvement moléculaire.

On se demande donc lequel de ces deux modes de vibrations sert à la reproduction téléphonique, ou s'il y en a un des deux qui exerce une action prépondérante.

Du Moncel soutient que la reproduction téléphonique doit être attribuée aux vibrations moléculaires, tandis que Navez prétend que la cause en est dans les vibrations transversales. Du Moncel appuie son opinion par les motifs suivants :

On peut reproduire des sons, des nuances de sons et même des paroles, par un récepteur téléphonique qui ne contient pas de diaphragme vibrant, mais simplement un noyau magnétique. Toutes les parties du récepteur, sa boîte ainsi que le diaphragme, concourent à la reproduction des ondes sonores, comme cela a été prouvé expérimentalement par Bréguet, qui, avec des téléphones à ficelle agissant simplement par voie mécanique, a pu mettre son oreille en communication avec toutes les parties d'un récepteur téléphonique.

Il substitua ensuite à la plaque mince susceptible de vibrer, une plaque suffisamment forte pour que l'on ne puisse admettre qu'elle entre en vibrations quelconques sous l'influence des faibles variations magnétiques qui ont lieu dans le noyau magnétique du téléphone, et l'on put même transmettre des sons et des paroles sans le secours d'aucun appareil électro-magnétique, ainsi que c'est le cas avec le téléphone à ficelle.

Par contre, le commandant Navez a opposé ce qui suit : En admettant que l'on puisse transmettre le chant et les paroles sans l'intervention d'une plaque magnétique, cela ne serait encore pas une preuve que, lorsque cette plaque existe, elle ne subisse pas des vibrations transversales. Mais l'expérience nous apprend que lorsque cette plaque fait défaut, le son est reproduit d'une manière beaucoup plus faible, et cet affaiblissement du son se produit même lorsque le pôle magnétique est placé contre la plaque de façon à ce que celle-ci se trouve dérangée dans ses vibrations transversales. Ce fait seul pourrait arguer d'une manière indubitable en faveur de l'admission des vibrations transversales de la plaque; mais il existe encore un autre motif qui possède aussi une grande importance.

On admet généralement que la plaque de fer du transmetteur est, sous l'influence des ondes sonores qui la frappent, véritablement mise en vibrations transversales. Ce simple fait conduit à la conclusion logique que la plaque du récepteur identique à celle du transmetteur doit également produire des vibrations semblables. En fait, le principe de la réversibilité ou de l'action rétroactive entre la cause et l'effet est généralement admis par la physique moderne dans la production de phénomènes semblables, surtout en ce qui a rapport à l'électricité et au magnétisme.

Ainsi donc, si le courant électrique transmis par les fils qui enveloppent un électro-aimant, développe du magnétisme dans le noyau de cet aimant, l'on est autorisé à conclure que le magnétisme développé excitera, en retour, de l'électricité dans les enroulements du fil, ce qui a du reste lieu. Dans l'électricité galvanique, le développement de l'électricité est attribué à des actions chimiques, ce qui conduit à admettre que reversiblement le courant électrique est en état de décomposer des corps, et, par suite, l'électrolyse de tous les corps composés est devenu un fait acquis.

Par rapport à d'autres phénomènes physiques, il ne faut pas oublier que la chaleur peut se transformer en travail mécanique et le travail mécanique en chaleur,

ce qui conduit également à l'expression du principe de
la reversibilité. Ce principe peut donc très vraisembla-
blement, ainsi déduit plus loin M. Navez, s'appliquer
au téléphono Bell et cela de la manière suivante :

Les vibrations sonores engendrent des vibrations
transversales dans le diaphragme du transmetteur téléphonique. Par ses mouvements de va-et-vient, ce diaphragme augmente ou diminue le magnétisme dans
l'aimant du téléphone, à chaque changement de magnétisme, il se produit dans la bobine de l'aimant une

Fig. 20.

secousse électrique, qui se transmet à la bobine du
récepteur téléphonique. Dans le récepteur les actions
se suivent dans un ordre opposé; mais elles ne peuvent
être de nature différente, puisque les deux instruments
téléphoniques sont identiques dans leur construction.

Le courant électrique qui entre dans la bobine du récepteur modifie le magnétisme de l'aimant, ce dernier
agit par suite plus ou moins fortement sur le diaphragme
vibrant qui sert d'armature, et l'attire plus ou moins,
de sorte que celui-ci se trouve soumis à un mouvement
de va-et-vient analogue aux vibrations du diaphragme
du transmetteur.

Graham Bell lui-même explique de cette manière l'action de son téléphone.

Nous passerons maintenant à un examen plus approfondi de l'invention de Bell.

Bell employa d'abord, ainsi que l'avait fait Reis, des courants provenant de batteries électriques, mais dans la suite il se servit de courants d'induction. Dans son appareil de 1876, le transmetteur était construit comme le représente la figure 20 et le récepteur suivant la figure 21.

Le transmetteur figure 20, se composait d'un aimant inducteur horizontal $m, m,$ $d, i,$ formé par un aimant permanent à deux branches, dont les branches étaient entourées de bobines d'induction. Cet aimant était porté au moyen d'une vis par une colonne en bois fixée sur un plateau de même matière. Devant l'aimant inducteur, fixé verticalement sur le plateau de bois, se trouvait une bague métallique sur laquelle une membrane élastique (un diaphragme) faite de parchemin, était tendue au moyen des vis, $e, e,$ en façon de peau de tambour.

Fig. 21.

Au milieu de cette peau de tambour se trouvait fixé un disque en fer doux, lequel, aussitôt que la membrane était mise en vibrations par les ondes sonores, entrait également en vibrations devant les pôles de l'aimant inducteur. Les deux bouts du fil qui entourait les branches de l'aimant étaient en communication avec deux bornes fixées sur le plateau de bois et destinées à recevoir le fil conducteur, qui menait au récepteur.

Le récepteur, représenté figure 21, se composait d'un aimant en forme de tuyau, formé par une barre de fer verticale, laquelle — comme pour l'aimant du transmetteur — était recouverte de fil isolé et enveloppée par un court tuyau vertical *d* en fer doux. Cette disposition retient le magnétisme dans une certaine mesure et augmente ainsi la force d'attraction de l'aimant. Au point *d* se trouvait fixé au moyen d'une vis, un disque *c* de tôle de fer mince qui constituait l'armature de l'aimant. Sous l'influence des ondes de courant électrique qui venaient du transmetteur, cette armature agissait partie comme vibrateur, partie comme résonnateur. L'aimant *a*, avec son armature *c*, était placé sur une caisse sonore *g*, qui était elle-même fixée sur un plateau de bois.

Cet appareil fonctionne de la manière suivante :

Aussitôt qu'un son ou une parole résonne dans le porte-voix du transmetteur, figure 20, la membrane de celui-ci entre en vibrations correspondantes, et avec elle vibre également devant le pôle de l'aimant le disque de fer qui est fixé sur cette membrane, lequel s'approche et s'éloigne des pôles en successions rapides. Mais la petite plaque de fer vibrante produit, par suite, une succession correspondante de courants magnéto-électriques dans les bobines *m*, *m*, de l'aimant inducteur, et ces courants sont conduits par le fil conducteur vers le récepteur (figure 21). Aussi, dans l'armature en fer *c* du tuyau magnétique *d*, il se produit, par suite des changements dans la force d'attraction de l'aimant, des vibrations correspondantes, qui excitent, à leur tour, dans l'air ambiant, des ondes sonores analogues à celles qui mettent en vibrations la membrane du transmetteur, reproduisant ainsi d'une manière ferme et distincte les sons et les paroles prononcés dans le transmetteur.

Si nous résumons encore une fois la différence qui existe entre le téléphone Reis et le téléphone Bell, il en résulte ce qui suit :

Dans le téléphone Reis, les vibrations sonores sont transmises dans les conducteurs électriques par le jeu d'un appareil qui interrompt le courant (interrupteur), de sorte que le nombre de vibrations par seconde ainsi que la masse de temps, sont reproduits exactement, mais où, par contre, il n'existe pas de changements dans la force des courants, qui sont cependant seuls susceptibles de produire les changements de force et de nuance des sons. Ce défaut n'empêche pas toutefois la transmission de sons purement musicaux, mais les changements compliqués, qui caractérisent la force des sons et la nuance sonore de la voix humaine dans la parole, ne peuvent jamais être reproduits par un simple isochronisme des impulsions vibrantes.

Dans le téléphone Bell, au contraire, non seulement les vibrations du récepteur sont isochrones avec les vibrations de la membrane du transmetteur, mais leur qualité est encore égale à la sonorité qui les a engendrées ; car les courants électriques sont produits par un inducteur qui vibre avec la voix, et la différence dans la force des impulsions, soit un son articulé, ou le timbre de la voix d'une personne qui parle, se trouvent reproduits à l'autre bout du conducteur électrique, non seulement d'une manière absolument distincte, mais encore avec la nuance du son de la voix de la personne qui parle.

Plus tard, Bell employa comme transmetteur un aimant aussi fort que possible, composé, d'après le principe de Jamin, d'un certain nombre de lames minces d'acier réunies en forme de fer à cheval, comme le représente la figure 22.

A chaque pôle de cet aimant est fixée, à l'aide d'une sorte de capsule, une petite barre courte en fer doux (un sabot polaire) sur lesquelles sont posées les bobines d'induction *b*, *b*. Devant ces pôles magnétiques ainsi composés se trouve placée la plaque mince de fer susceptible de produire des vibrations. Cet appareil possédait une très grande force; ce fut avec lui qu'en février 1877, entre Boston et Malden, Bell fit des expériences sur une ligne télégraphique de 9 kil. 600 m. de longueur appartenant à la compagnie pour la fabrication des souliers en caoutchouc de Boston. Les paroles prononcées à haute voix à Malden pouvaient être distinctement

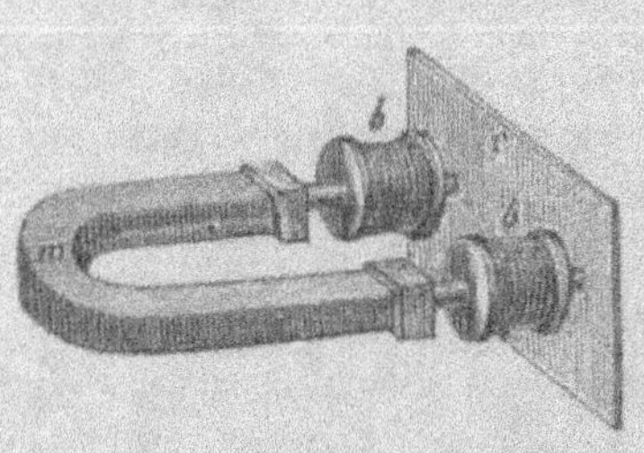

Fig. 22.

entendues à Boston dans une salle renfermant une nombreuse assemblée, et l'on pouvait distinguer le son de la voix des différentes personnes qui parlaient. On se servit aussi de ce téléphone sur la ligne de Boston-Salem-North-Conway, ayant une longueur de 230 kilomètres. Un auditoire de six cents personnes assemblées dans une salle de concert à Salem (Massachusets) put entendre des mots prononcés à Boston, bien que la conversation téléphonique ne pût se faire d'une manière distincte.

Bell fit le premier la remarque que l'on peut intercaler plusieurs téléphones dans le même circuit, et transmettre en même temps plusieurs télégrammes. D'après lui, on doit choisir, pour chaque appareil, une

certaine élévation de son, de façon à ce que celui
qui reçoit la dépêche n'ait besoin, pour distinguer
son télégramme entre ceux qui arrivent en même
temps, que de faire attention au son qui lui est destiné et qu'il connaît déjà. Il est cependant plus commode et plus sûr, lorsqu'un grand nombre de télégrammes doivent arriver en même temps, d'employer,
d'après le principe de Varley dont nous avons déjà
parlé, des résonnateurs, qui reçoivent automatiquement
les télégrammes, mais qui ne reproduisent que les

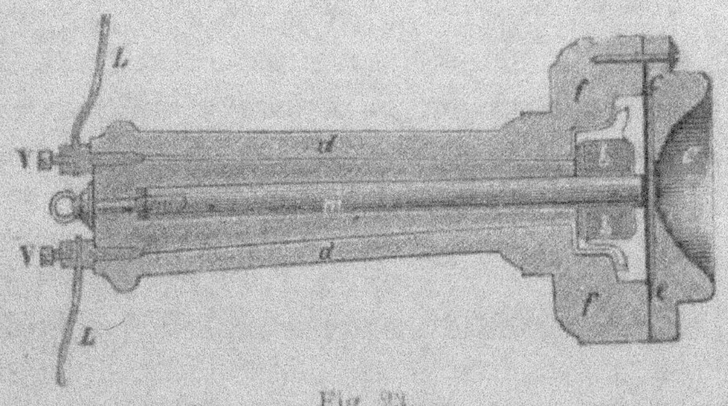

Fig. 23.

sons qui sont destinés à leur membrane. La vibration
de la membrane permet l'emploi d'un interrupteur de
courant et par suite la mise en fonctionnement d'un
appareil Morse à bruit ou à impression.

Plus tard, Bell a encore simplifié son téléphone,
comme le représente en coupe, moitié grandeur naturelle, la fig. 23. L'appareil tout entier, facile à tenir à la
main, se trouve renfermé dans une petite boîte en bois,
qui se termine sur le devant par un renflement circulaire
f, fermé par la membrane mince de fer e, sur laquelle
le porte-voix c se trouve fixé au moyen de vis. A l'intérieur de la partie en forme de tige se trouve le bar-

reau magnétique cylindrique *m*, qui est muni à son extrémité d'une vis, au moyen de laquelle on peut approcher de la membrane, à la distance qui convient le mieux, l'extrémité supérieure du barreau qui constitue le pôle actif, et autour de laquelle on place la bobine *b*, faite de 58 mètres de fil de cuivre recouvert de soie (n° 38 de la jauge de Birmingham). D'après Garnier et Pollard, le maximum de l'action s'obtiendrait

Fig. 24.

avec du fil n° 42. L'électricien français Maiche préfère employer du gros fil pour cette bobine d'induction; en tous les cas, la force et la longueur de ce fil dépendent de la résistance du circuit et de la nature des courants électriques qui doivent le traverser. Les bouts du fil de la bobine sont réunis à deux petites barres de cuivre *dd*, qui traversent la boîte, et se relient avec les bornes *ee*, qui servent à serrer les fils conducteurs du circuit.

Pour rendre le téléphone plus commode pour l'usage manuel, on a supprimé les bornes, et on les a remplacées par une torsade faite avec les deux fils conducteurs, qui pénètre dans l'appareil par l'ouverture centrale d'un couvercle vissé sur le fond de la boîte. Dans l'intérieur de la boîte les deux fils de cette torsade sont réunis chacun avec une des barres de cuivre *dd*, dont nous avons parlé plus haut, et reliés à l'extérieur avec les fils du circuit.

La figure 24 représente un téléphone construit de cette manière.

Pour se servir du téléphone Bell ordinaire, il est indispensable de prononcer les mots d'une façon très distincte et fortement accentuée devant le porte-voix du transmetteur, tandis que celui qui écoute à l'autre station doit poser son oreille aussi près que possible du porte-voix du récepteur. Ces deux appareils forment avec les deux fils qui les réunissent un circuit fermé. Cependant, comme nous l'avons fait remarquer plus haut, un seul fil suffit, si l'on a soin que les appareils soient en communication avec la terre, parce que, dans ce cas, comme dans les lignes télégraphiques, le courant de retour s'effectue par la terre, qui forme ainsi une partie du circuit. Dans des circuits qui ne dépassent pas 70 mètres, par exemple, le retour du courant par la terre augmente considérablement l'effet du téléphone.

On recommande dans la pratique d'avoir deux téléphones disponibles à chaque station, dont l'un sert à écouter et l'autre à parler. Mais on entend beaucoup mieux si l'on tient un téléphone à chaque oreille.

Du reste la transmission téléphonique subit des différences considérables, suivant la nature du timbre de voix de celui qui parle. On ne se fait pas mieux entendre en criant dans le téléphone; mais pour être compris distinctement, il faut parler avec une intonation claire et une prononciation décidée. Un certain son chantant de la parole contribue particulièrement à une reproduction distincte.

Pour des distances qui ne sont pas trop grandes, les expériences ont montré que le fil conducteur n'a pas besoin d'être isolé. Ainsi Rollo Russel trouva dans une expérience faite sur un fil de cuivre nu de 418 mètres de longueur, qui était posé simplement sur le gazon, qu'un air joué par une tabatière à musique était distinctement reproduit. Il faut naturellement que les fils ne se touchent pas et que la place sur laquelle ils

reposent soit sèche. Pour de très courtes distances,
l'humidité ne fait même aucun tort. Ainsi avec un fil de
40 mètres de longueur posé dans de la terre humide,
la transmission des paroles fut encore distincte, et cette
transmission eut même lieu le fil ayant été mis directement dans l'eau.

On peut également réunir plusieurs récepteurs téléphoniques avec un seul circuit, au moyen de plusieurs
embranchements et faire participer en même temps
cinq ou six personnes à l'audition de télégrammes provenant d'un seul transmetteur. On obtient encore le
même résultat par l'emploi d'une petite caisse sonore
fermée par deux membranes dont l'une se trouve sur
la plaque vibrante du téléphone. Si l'on fait partir de
cette petite caisse plusieurs tuyaux acoustiques, plusieurs personnes pourront entendre en même temps et
très distinctement la reproduction téléphonique.

La transmission multiple et simultanée par téléphones peut également s'obtenir en établissant des
communications sur diverses parties du circuit. Des expériences faites à New-York ont montré que l'on peut
communiquer de cette manière par cinq téléphones
intercalés sur différents points. Dans d'autres expériences qui ont été faites en France sur une ligne de
12 kilomètres de longueur, on avait réuni des téléphones
avec le circuit à différentes distances, et trois ou quatre
personnes ont pu tenir une conversation. Chacune de
ces personnes pouvait entendre ce que disaient les
autres. Les demandes et les réponses qui se croisaient
étaient parfaitement distinctes. Même après qu'on eut
réuni un téléphone avec un autre fil de 10 kil. de longueur, courant parallèlement avec le premier avec un
écartement de 50 centimètres sur une distance de 2 kilomètres, on put entendre la conversation tenue sur le

premier fil et même distinguer le timbre spécial de chaque voix.

Depuis l'introduction du téléphone en Europe, beaucoup d'inventeurs cherchent à construire un téléphone de façon à ce que les sons reproduits puissent être entendus à différents endroits d'une grande salle. Bell avait déjà atteint ce résultat par un appareil construit d'après le principe représenté dans la figure 22; mais depuis on a perfectionné l'appareil téléphonique, et l'on aurait obtenu de meilleurs résultats. Il est toutefois certain qu'un téléphone ordinaire bien construit peut reproduire des sons musicaux assez haut pour qu'ils puissent être entendus dans une grande chambre, même dans l'endroit le plus reculé.

La figure 23 représente une autre disposition que Bell choisit pour la construction d'un téléphone d'une action spécialement forte. Là aussi on a employé un aimant en forme de fer à cheval dont les pôles agissent en même temps sur le diaphragme vibrant. Tout l'appa-

Fig. 23.

reil est placé sur le couvercle d'une petite caisse fixée contre le mur. Le diaphragme, c'est-à-dire la membrane, est fixé par huit à dix vis autour d'une ouverture circulaire pratiquée dans le couvercle de la boîte, et faite de telle sorte qu'il y a entre le couvercle et la membrane une cavité assez forte pour que, pendant les vibrations de la membrane, celle-ci ne touche pas le couvercle et puisse avoir toute sa liberté.

On a pourtant remarqué que cette cavité doit être aussi plate que possible, car si elle offre plus d'espace qu'il n'est absolument nécessaire, l'audition se trouve gênée par suite des résonances qui s'y développent.

Les pôles de l'aimant sont munis de petites barres de fer carrées, visées dessus, et sur lesquelles reposent les bobines d'induction, qui sont placées derrière la membrane et aussi près que possible du milieu, mais sans cependant toucher la membrane. Pour pouvoir placer exactement les pôles de l'aimant contre la membrane, le bas de l'aimant est posé sur deux prolongements en demi-cercle du couvercle de la boîte, de sorte qu'il devient possible, en desserrant ou en serrant les vis qui les supportent, de rapprocher les pôles plus ou moins près de la membrane. L'épaisseur la plus favorable à donner à la membrane est de 0,4 à 0,8 millimètre.

Dans un très court circuit, ce téléphone ne paraît nullement surpasser le téléphone à main ordinaire, il lui est même inférieur en action, et la reproduction des mots est moins forte. Mais si la distance est grande, cet appareil montre nettement sa supériorité; en outre, il semble moins exposé que le téléphone ordinaire aux influences perturbatrices extérieures, et il reproduit plus distinctement le timbre de la voix.

Cet instrument a été modifié par Niaudet, électricien français, qui a placé, sur les deux pôles de l'aimant, quatre bobines au lieu de deux, qui forment un carré dont le milieu de la membrane fait le centre. Ainsi disposé, l'appareil a, dit-on, plus d'action en ce que les courants d'induction excités par le transmetteur et transmis au récepteur sont plus énergiques.

Le porte-voix qui se trouve devant la membrane ne doit pas être réuni à l'appareil par un tuyau trop court, sans quoi la reproduction manque de netteté.

L'instrument Bell, représenté dans la figure 25, ne se distingue de celui qui est représenté par la figure 22, que dans la position des bobines d'induction par rapport aux pôles magnétiques. Sans aucun doute cette dernière disposition est plus commode.

L'action d'un téléphone Bell dépend tout particulièrement de l'exactitude de son réglage, et encore faut-il que ce réglage soit fait suivant les circonstances du circuit. Ceci explique pourquoi souvent un téléphone, travaillant bien dans de certaines conditions, fait dans d'autres très mal son service et souvent même le refuse complètement.

Les téléphones ordinaires sont munis d'une vis de réglage, que l'on tourne avec un tourne-vis ou une clef sans trop savoir ce que l'on fait. Aussi il arrive facilement que l'on presse l'aimant contre la membrane de métal et qu'on la détériore. On évite des accidents de ce genre, si l'on emploie des vis de réglage ayant une tête dentée et une aiguille mobile sur une plaque graduée et munie de divisions égales et numérotées, de façon à pouvoir suivre exactement les tours de la vis et sa marche. De cette manière, on peut facilement régler un téléphone de façon à lui faire produire son action la plus grande. Ce qu'il y a de mieux c'est, pour parler comme pour entendre, d'employer un téléphone spécial réglé pour son service spécial. Si un téléphone doit servir alternativement à parler et à entendre, il faut, pour les deux usages, renoncer à l'effet maximum, et donner à la vis régulatrice une position intermédiaire.

Nous passerons maintenant à la description d'une

série de modifications qui sont actuellement employées dans la construction du téléphone Bell.

Siemens. — Cette construction de téléphones, qui appartient aux meilleures, se distingue en ce que le téléphone lui-même peut servir comme signal d'appel. L'organisation des parties séparées de l'instrument n'offre rien de nouveau, mais cependant cet appareil se distingue par sa ferme reproduction, de sorte qu'il est surtout employé par l'armée et la marine.

La forme extérieure de ce téléphone est semblable a celle de Bell, mais l'instrument est plus grand et plus lourd dans son ensemble, ce qui provient de l'emploi d'un aimant en fer à cheval qui se trouve renfermé dans la boîte *m*, fig. 26. Cet aimant est muni de barres polaires *d*, *d*, attachées dans l'intérieur aux côtés des pôles principaux *n*, *s*, sur lesquels reposent les bobines d'induction *b*, *b*.

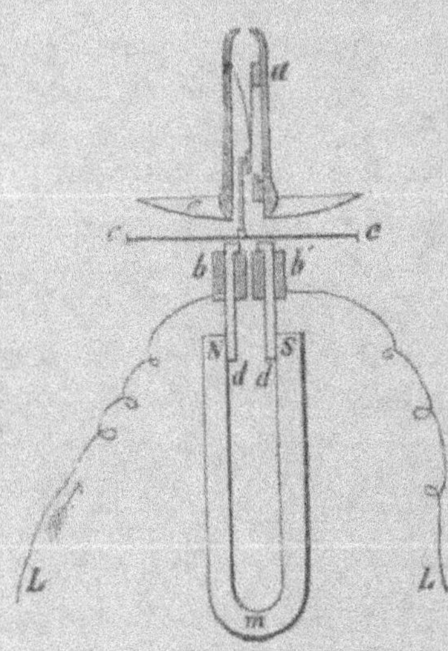

Fig. 26.

L'aimant peut, au moyen d'un petit excentrique (supprimé dans la figure) qui se trouve placé contre la membrane *c*, *c*, donner le réglage de l'instrument d'une manière très commode. Les barres polaires *d*, *d*, sont courbées à leur extrémité, ce qui augmente un peu leur surface près des pôles. Les fils provenant des bobines d'induction sont reliés avec des bornes placées sur les côtés (également supprimées dans la figure), et dans lesquelles sont fixés les fils conducteurs.

Le signal d'appel se compose d'une languette de sifflet, *a*, vissée sur l'ouverture du porte-voix *e*, et organisée de façon à ce qu'une petite barre fixée avec cette languette vienne s'appuyer contre la membrane. Si l'on veut appeler, on souffle dans le sifflet; aussitôt, les vibrations produites par la languette se communiquent à la membrane, et, par suite, de forts courants d'induction se transmettent dans le circuit, lesquels excitent dans la membrane du récepteur des vibrations correspondantes et produisent un son très élevé. Veut-on alors parler par l'instrument, on dévisse le sifflet et l'on a un téléphone ordinaire, agissant d'une façon très remarquable. D'habitude la boîte de ce téléphone est munie d'un petit plateau rond, dans lequel se pose le côté courbé de l'électro-aimant et qui sert à fixer l'instrument.

Ce téléphone reproduit les paroles d'une façon assez haute et assez distincte pour que l'on puisse les entendre d'une certaine distance. Aussi peut-on parler dans ce téléphone même en le tenant à 1 mètre de la bouche.

Gower. — Ce téléphone inventé par l'Américain F.-A. Gower, ancien compagnon de travail de Bell, excita, lorsqu'il parut, une grande attention à cause de sa reproduction puissante des paroles, qui peuvent être entendues dans un rayon encore plus grand que celui dont nous venons de parler. Cet instrument a cependant l'inconvénient de posséder une trop grande sensibilité, de telle sorte qu'il refuse facilement son service, et ne réussit que par exception à conserver longtemps une entière capacité d'action. Aussi, bien que les ondes sonores reproduites par cet appareil soient bien plus fortes que celles qui proviennent d'autres téléphones d'un bon système, elles sont cependant moins distinctes et produisent un son métallique désagréable, que l'on doit prendre en considération.

Comme l'on voit dans la figure 27, qui représente l'intérieur de l'instrument, l'aimant *n*, *o*, *s*, a la forme d'un demi-cercle; ses pôles *n*, *s*, sont dirigés diamétralement vers le milieu et ensuite courbés de nouveau en pente vers le centre de l'aimant et munis de bobines d'induction ovales. L'aimant ainsi confectionné possède une force importante et peut porter près de 5 kilogr.; il se trouve dans une capsule cylindrique fermée sur le devant par un couvercle muni d'une membrane (figure 28), de sorte que les pôles magnétiques se trouvent tout près du milieu de la membrane.

Fig. 27.

La membrane est elle-même d'un diamètre relativement grand et se trouve solidement fixée par ses bouts avec le couvercle de la boîte; l'épaisseur de la membrane est également plus forte qu'elle ne l'est d'habitude dans les autres téléphones.

L'appel du téléphone Gower est fait d'une façon particulière; il se compose d'une languette d'harmonica, fixée derrière une fente pratiquée dans la membrane, sur une pièce transversale *a* (figure 28-29). Pour faire résonner l'appel, il existe derrière la boîte du téléphone un tuyau long et souple muni d'un porte-voix (figure 30), dans lequel on souffle fortement, et qui fait résonner la languette comme une trompette d'enfant.

Comme dans le téléphone Siemens, les vibrations de la
languette d'appel se communiquent à la membrane, et
excitent de forts courants d'induction qui produisent
dans le récepteur, par suite des vibrations de sa membrane, un son proportionnellement fort. Pour parler
par l'appareil, on se sert également du tuyau dont nous
venons de parler. Les figures 28-29 représentent le
téléphone Gower au quart de sa grandeur naturelle.

Ader. — Pour donner plus de force au récepteur
téléphonique Bell, A. Ader a cherché à augmenter
l'action magnétique, par la réaction d'une armature de
fer, et il a, en effet, obtenu de
bons résultats. Ader a basé la
construction de son téléphone
sur les motifs suivants : si l'on
place devant le pôle d'un aimant
en fer à cheval la partie du milieu d'une lamelle de fer mince,
ses extrémités seront retenues
contre l'attraction de l'aimant
jusque dans une certaine limite;

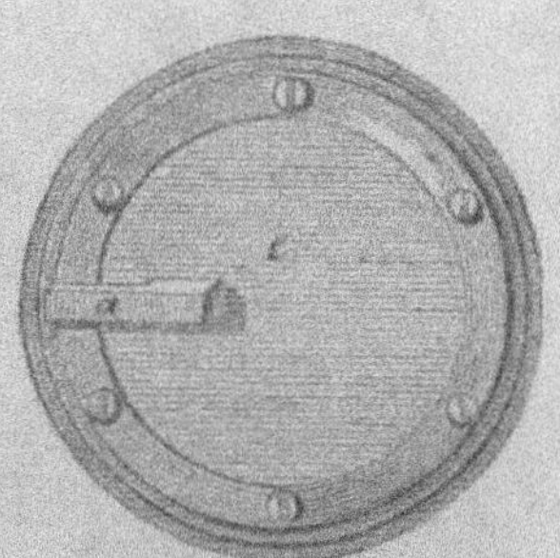

Fig. 24.

mais cette attraction se manifeste aussitôt que l'on
approche des pôles, derrière la lamelle, une grande
masse de fer, tandis que la lamelle reprend de nouveau sa position primitive, si l'on retire la masse de
fer. On se demande comment on peut expliquer cette
action.

On sait bien que le maximum de l'action entre un
aimant et son armature se produit lorsque leurs deux
masses sont semblables. Si la lamelle mince est mise
seule en face des pôles magnétiques, sa masse est
trop petite pour utiliser complètement la force magnétique de l'aimant, tandis qu'une armature plus massive
subit une réaction beaucoup plus considérable. La

lamelle mince mobile, placée entre les pôles magnétiques et l'armature, remplit donc, par rapport à l'action
magnétique exercée entre l'armature et l'aimant, l'office

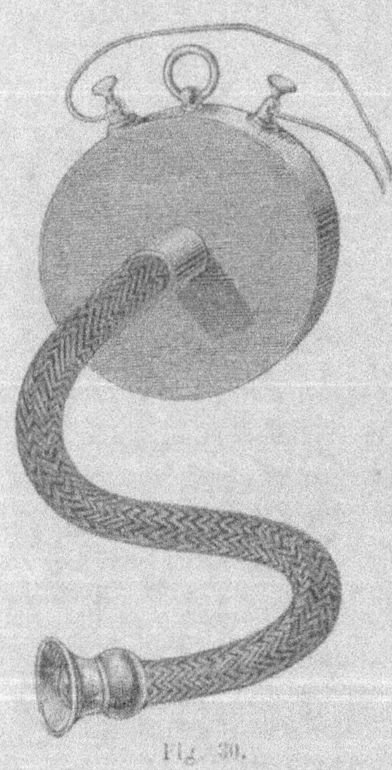

d'une sorte d'écran ; il s'agit donc d'examiner comment le magnétisme se partage sur la lamelle. Emploie-t-on une troisième lamelle, il se produit une action

Fig. 29.

contraire à celle dont nous venons de parler, et il se produit entre l'armature et la lamelle des polarités opposées, qui font que l'armature attire la lamelle
aussi fortement que le
fait l'aimant, et que,
par suite, les forces d'attraction qui agissent
en même temps sur la
lamelle se détruisent
l'une l'autre. La force
d'attraction de l'aimant
sur la lamelle ne peut
alors se produire que si
on éloigne l'armature.
Place-t-on de nouveau
la mince lamelle entre
l'aimant et l'armature,
les pôles de l'aimant
produisent bien des pôles opposés sur la lamelle, mais par suite de
sa petite épaisseur, les
lignes des forces ma

Fig. 30.

gnétiques la traversent, de sorte que les pôles de
l'autre côté de la lamelle ne peuvent s'opposer aux
pôles qui se développent sur l'armature vers les pôle des

l'aimant; mais dans ce cas, les pôles de l'armature sont de direction contraire à ceux qui agissaient dans le cas précédent. Par suite de la formation de ces pôles particuliers que nous venons de décrire, la lamelle mince est attirée par l'aimant et repoussée en même temps de l'armature, de sorte qu'elle est poussée par une force double vers le pôle de l'aimant.

Ce phénomène a été utilisé par Ader dans la construction de son téléphone.

Ainsi qu'on le voit par la figure 31, l'aimant employé dans ce téléphone est courbé en forme de cercle. Sur les deux petites branches des pôles qui dépassent, se trouvent placées les bobines d'induction *b*, *b*, et devant elles la plaque de fer vibrante *c* qui sert de membrane. Au-dessus de cette plaque, on voit l'armature de fer doux en forme d'anneau *a*, qui renforce l'action magnétique et sur laquelle on fixe le porte-voix *e*. Le fil conducteur communique des deux côtés avec les bobines d'inductions.

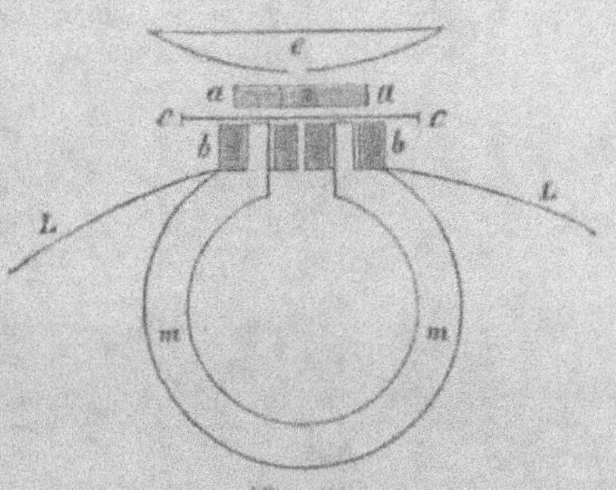

Fig. 31.

Fein. — W. Fein de Stuttgart donne à ses téléphones la construction représentée sous deux aspects dans les figures 32, 33. La figure 32, à gauche, montre la disposition intérieure après dévissage du porte-voix et l'enlèvement de la membrane. L'aimant d'acier *m*, en forme de fer à cheval, dont les pôles sont munis de plaques polaires vissées dessus, sort par sa moitié courbée,

d'une boîte ronde en bois, *n*, composée de trois parties
vissées ensemble; l'anse qu'il forme sert à pendre
et à accrocher facilement le téléphone, et en outre cette
forme permet de donner à l'aimant une grande dimension et par suite une attraction plus forte qui accroît
naturellement beaucoup l'action du téléphone.

Fig. 32.

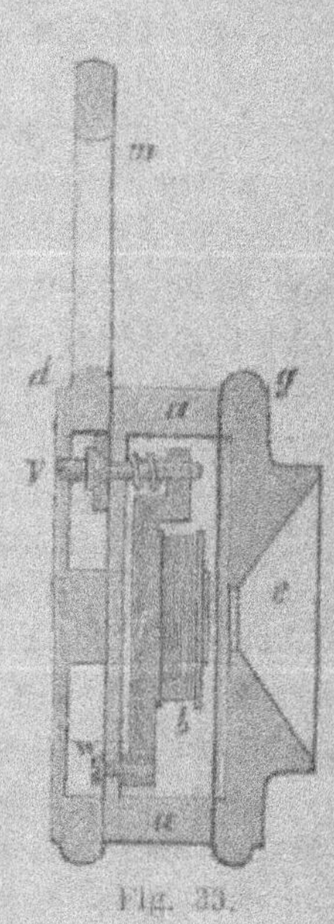

Fig. 33.

Les armatures de fer qui sont fixées aux bouts des
deux branches de l'aimant sont placées à angle droit par
rapport à la membrane et sont mises en communication avec les noyaux en forme de demi-cercle sur
lesquels reposent les bobines *b*, qui ont une forme semblable. Cette disposition a pour but d'égaliser l'attraction entre l'aimant et la membrane et d'en régulariser
autant que possible les vibrations, afin d'obtenir une

transmission distincte des paroles. Les noyaux ne sont
pas faits d'une masse de fer solide, mais de petites
plaques minces posées l'une sur l'autre, ou même de
fils fins, afin de reproduire le plus exactement possible
sur les pôles magnétiques les ondulations électriques.
Pour placer ces noyaux dans leur position exacte par
rapport à la membrane, on place entre les deux branches de l'aimant un levier *f*, en laiton, mobile entre
deux pointes de vis, que l'on peut diriger à l'aide de la

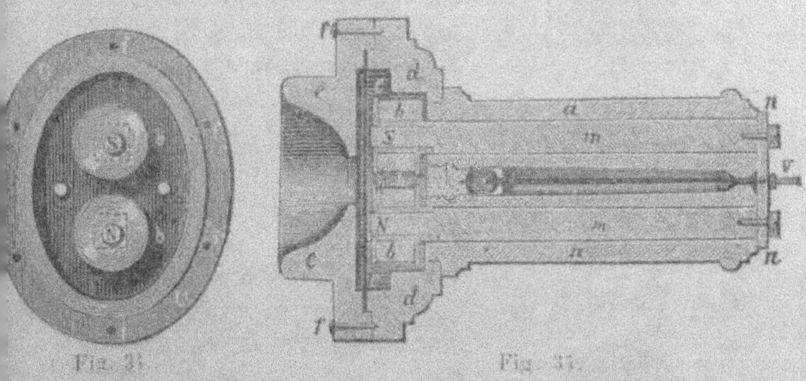

Fig. 31.   Fig. 35.

vis *v*; l'axe de rotation de ce levier est fixé par la vis *v*, *v*,
sur le côté de la boite. Un fort ressort à spirale placé au
milieu, entre des vis, empêche le point mort. La tête de
cette vis passe par une plaque de laiton qui se trouve
entre les deux branches de l'aimant, et la vis est assez
longue pour dépasser le fond de la boite et pour permettre de la manœuvrer avec un tourne-vis. Sur les
deux côtés du levier *f* sont fixés les deux noyaux de
fer mentionnés plus haut, dont les deux bouts de
derrière, pouvant se visser ou se dévisser, s'avancent
entre les armatures de l'aimant. Cette disposition permet de rectifier la pose des noyaux par rapport à la
membrane sans que l'on ait à déplacer l'aimant.

Les bouts des bobines *b* sont en communication avec les deux bornes *p, p*, qui servent à serrer les fils conducteurs. On a remplacé dans les derniers temps la boîte en bois par une boîte en laiton, qui offre plus de solidité pour fixer exactement la position des noyaux magnétiques.

Le double téléphone de Fein est représenté, fig. 34, 35,

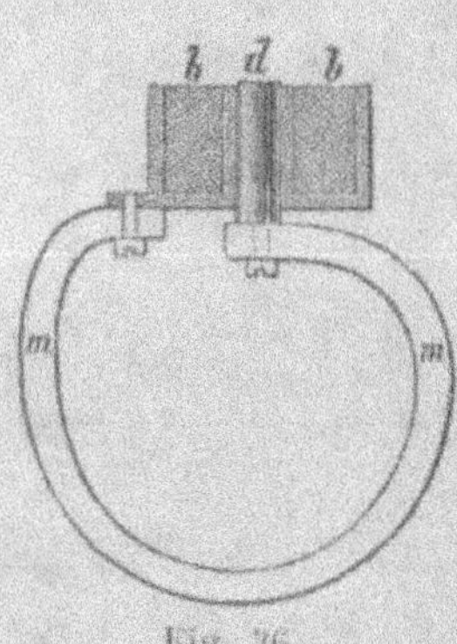

Fig. 36.

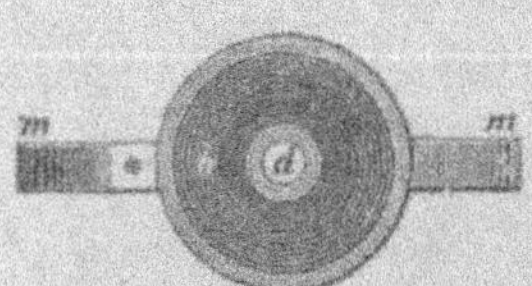

Fig. 37.

vu de devant après enlèvement de couvercle et du porte-voix, et en coupe longitudinale. Au moyen des six vis désignées par *f*, le porte-voix *e, e*, se monte sur le disque en bois *d*, et entre ces deux pièces se place la plaque de fer *c, c* (membrane). Le disque *d* est muni en outre de deux tuyaux en bois *a, a*, dans lesquels se trouvent réunis, par la barre de fer *n, n*, les deux aimants d'acier *m, m*, dont les bouts sont inégalement polarisés, de sorte que la membrane *c* se trouve en face le pôle nord N d'un aimant et le pôle sud S de l'autre. Au-dessus des bouts de ces pôles sont fixées les bobines *b, b*, recouvertes de fil fin, dont les extrémités de polarité correspondante, sont réunies ensemble, tandis que les deux autres sont reliées aux bornes placées en dehors sur les côtés du téléphone. Le réglage exact du pôle magnétique se fait au moyen de la vis *e* et de son écrou.

D'Arsonval. — Pour concentrer la force magnétique de la manière la plus avantageuse sur la membrane, d'Arsonval lui a donné la forme représentée par les figures 36, 37. L'aimant *m*, comme dans le téléphone Ader, possède également une courbure qui approche de celle d'un cercle. Sur un des pôles est placé un noyau cylindrique *d*, en fer doux, sur lequel repose la bobine de fil *b*, qui est munie d'un disque dans le bas. Autour de la bobine on place une enveloppe de fer, qui est réunie avec l'autre pôle magnétique et qui constitue le deuxième pôle, qui a ici la forme d'un anneau. De cette manière on obtient une soi-disant cloche magnétique, au moyen de laquelle un pôle entoure l'autre concentriquement. On utilise ainsi le mieux possible, pour l'induction magnétique, le courant qui circule dans la bobine. Avec un poids bien inférieur à d'autres téléphones et une bobine à fil beaucoup plus court — le téléphone d'Arsonval ne pèse que 125 grammes et n'a que 20 ohms de résistance, — l'action est, dit-on, plus forte que même avec le téléphone Gower, et par suite la reproduction des mots beaucoup plus distincte et plus claire.

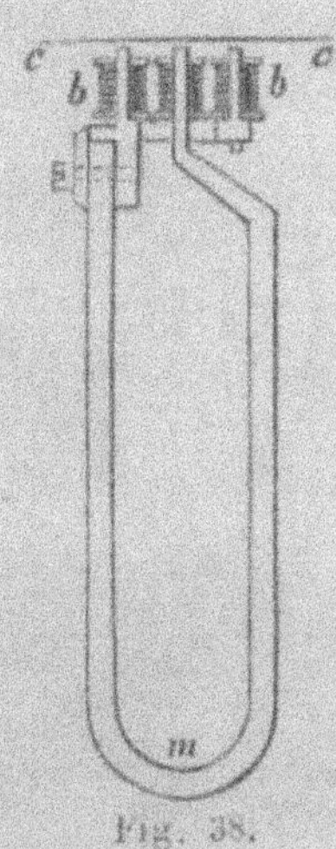

Fig. 38.

En place de porte-voix, d'Arsonval a adapté àson téléphone un tuyau en gutta-percha de 8 millimètres de diamètre, ce qui évite des résonances désagréables.

Téléphone Schiebeck et Planz. Un peu semblable à l'aimant du téléphone d'Arsonval est celui construit par Schiebeck et Planz pour leur téléphone représenté par la figure 38. Un des pôles de l'aimant en forme de fer à cheval, *m*, est placé au centre de la membrane *c*, et à l'autre pôle est attaché un anneau *d*, en fer doux, qui entoure le pôle central et porte diamétralement deux noyaux de fer; les bobines *b* sont placées sur ces deux noyaux de fer, ainsi que sur le pôle central qui se trouve à égale hauteur, *b*. Les deux pôles de face sont du même nom, le pôle de milieu est de nom contraire. Cette disposition, semblable à la cloche magnétique d'Arsonval, augmente l'intensité du courant d'induction et son action sur la membrane.

Ayres. — Ce téléphone construit par Brown Ayres, de l'institut Stevens, d'Hoboken (États-Unis), se distingue par une organisation simple et une action énergique.

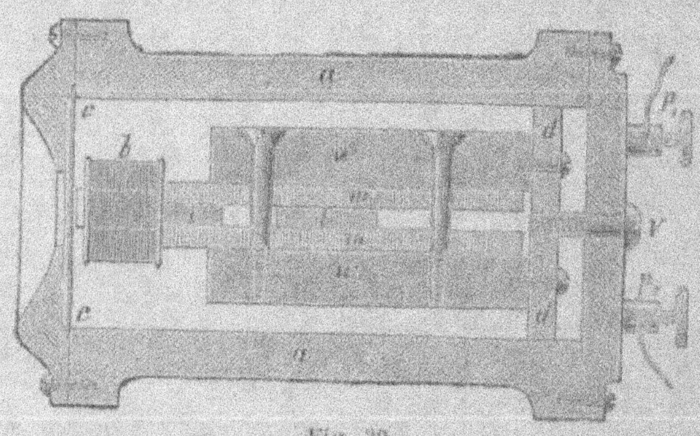

Fig. 39.

La figure 39 en donne la coupe en long. La boîte *a*, de 17 centimètres de longueur et 7 centimètres de diamètre, est en bois d'acajou. À travers le bloc cylindrique de bois, on a creusé un trou de 5 centimètres de diamètre, dans lequel les aimants se trouvent fortement enserrés et fixes, mais peuvent toutefois glisser au moyen de la vis *v*. Ils se composent de deux aimants en fer à cheval, *m*, *m*, chacun de 7 centimètres 5 de longueur, et sont semblables à ceux que l'on trouve chez les quincailliers. Ces deux aimants sont réunis en ce que l'on appelle un aimant composé, et séparés par un morceau de bois *t*, d'environ 3 millimètres d'épaisseur; les pôles de même nom sont placés l'un sur l'autre. Entre chaque paire de pôles semblables, on serre un morceau de fil de fer doux, i, à peu près de 4 à 5 millimètres de diamètre et de 30 millimètres de longueur, dont l'un des bouts sur une longueur de 15 millimètres, a été limé à plat des deux côtés; cet ensemble magnétique est, à l'aide de deux morceaux de bois w, w, et deux vis à bois, réunis en un tout solide, comme le représente la figure 39.

A la partie de derrière des morceaux de bois w, est fixée au moyen de petites vis une bande de laiton d. C'est à travers le milieu de cette bande, qui est tendue dans l'intérieur de la boîte de bois, que passe la vis e au moyen de laquelle on règle l'écartement, entre les pôles magnétiques et la membrane. Sur chacun des deux morceaux de fer i, qui dépassent les pôles magnétiques, se trouve placée une petite bobine b, en carton, bois de buis ou caoutchouc durci, entouré de fil de cuivre recouvert (n° 38 de la jauge de Birmingham). Chacune des deux bobines a 13 millimètres 5 de longueur et 12 millimètres 5 de diamètre. Les deux bouts de fil des bobines sont réunis par les bornes p', p^2, qui servent à intercaler l'instrument dans le circuit. La membrane c est faite en tôle de fer mince légèrement vernie. La bonne marche de l'appareil dépend de la qualité de cette tôle. Le porte-voix a la même force que ceux des téléphones ordinaires. La supériorité de ce téléphone consiste dans la force de son aimant, ce qui est essentiel pour un téléphone. Cet instrument a environ 80 ohms de résistance et sur un fil de 120 kilomètres, avec une résistance beaucoup plus forte, le résultat des conversations engagées a été très satisfaisant.

Eaton. — La particularité de ce téléphone consiste

dans la combinaison de six aimants en forme de fer à
cheval en un aimant multipolaire, comme le représentent
les figures 40, 41, ainsi que dans l'emploi d'une double
membrane. Ces figures représentent le téléphone dans
son entier en coupe longitudinale, et vu d'en bas
après enlèvement du couvercle. Les deux membranes
sont plissées concentriquement en forme d'anneaux,
ce qui augmente leur élasticité; le nombre des plis

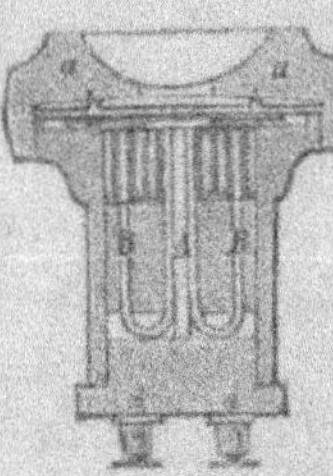

Fig. 40.

Fig. 41.

dépend de leur diamètre. Elles sont séparées l'une de l'autre par une bague de
carton, posée entre, qui emprisonne une
couche d'air. Les six aimants m sont
réunis en forme d'étoile avec leurs pôles-
nord dirigés vers le centre A et rassem-
blés dans une bobine b, de sorte qu'il en
résulte un fort pôle central; les autres
pôles de même nom (sud) sont rangés
symétriquement en cercle autour du
point A; chacun de ces pôles est muni
d'une petite bobine de fil b.

Bœttscher. — La différence de ce téléphone (figure 42) de tous ceux décrits
jusqu'ici, consiste particulièrement en
ceci, que l'aimant m n'est point placé dans la boîte à
poste fixe, comme cela a généralement lieu, mais se
trouve suspendu à l'aide de vis et de fils minces d'acier.
Cette disposition a pour effet de faire osciller l'aimant
avec la membrane e, ce qui augmente l'énergie, mais
aussi par contre le son se produit d'une façon moins nette
et moins distincte que dans les systèmes Bell, Ader, Fein
et autres. Si dans le téléphone Bœttscher on pose l'oreille
tout contre le porte-voix, le son est moins distinct,
que si on l'éloigne de 7 à 8 centimètres. Les plaques
polaires sur lesquelles sont posées les bobines d'induc-

tion *b* ne sont point en fer massif, mais formées de trois petites barres de fer cylindriques écartées légèrement les unes des autres, ce qui leur permet de changer plus facilement et plus vite de magnétisme. L'aimant *m* est attiré vers le haut par les vis *a* et vers le bas par la vis *a¹*, de sorte que celui-ci est suspendu librement dans la boîte, et les bouts qui portent les plaques polaires se trouvent à peu près à un demi-millimètre au-dessous de la membrane *c*. Ce téléphone est fait entièrement en métal et il n'y a pas à craindre qu'il joue, comme cela peut arriver avec les boîtes de bois; on ne le règle qu'une fois pour toutes. La boîte est pourvue de pieds, qui servent à la fixer. Pour parler, il faut approcher la bouche du porte-voix le plus possible, par contre l'audition est meilleure à une certaine distance, comme nous l'avons déjà dit. Ce téléphone est d'un mauvais usage dans les endroits où il y a beaucoup de bruit.

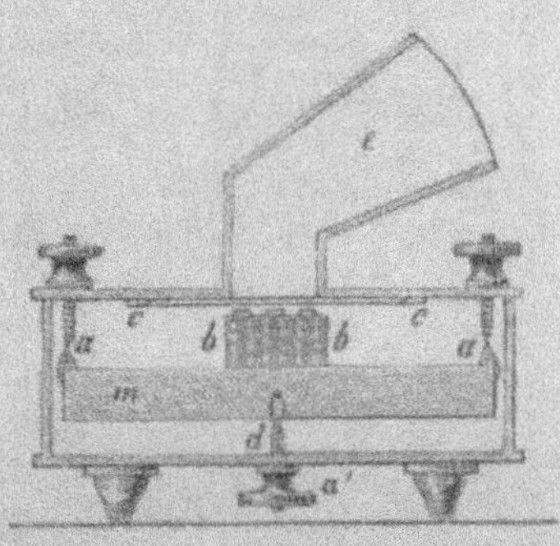

Fig. 42.

Elisha Gray. — Cet instrument appartient aux téléphones composés chez lesquels la combinaison de deux membranes avec un porte-voix accroît considérablement l'énergie. Comme on le voit par la figure 43, les deux téléphones sont posés l'un contre l'autre sous un angle aigu, et reliés chacun par un tuyau *a* avec le porte-voix *e*. Les deux téléphones ont un aimant commun *N, m, S*, en acier, courbé en forme de cercle, qui rentre dans chacune des deux boîtes des téléphones par une plaque polaire *A*, sur laquelle on place la bobine *b*, comme on peut le voir à droite du dessin. Au milieu, au point *d*, l'on voit la réunion des deux bobines avec le circuit. La membrane *e* est placée à angle droit avec le porte-voix *a* et tenue par le couvercle vissé *L*.

Phelps. — Cet instrument, connu sous le nom de téléphone à couronne, est construit sous la forme de simple et de double téléphone; il est employé sous la dernière forme, si l'on veut produire une action plus forte. Le téléphone à couronne simple (figure 44) se compose d'une membrane et d'un noyau de pôle (plaque polaire) semblables au téléphone Bell. Le noyau des pôles est formé avec les pôles semblables (par exemple le pôle nord) de six aimants courbés en forme d'arc, dont les autres pôles semblables (pôle sud) sont fixés en cercle sur le bord de la membrane.

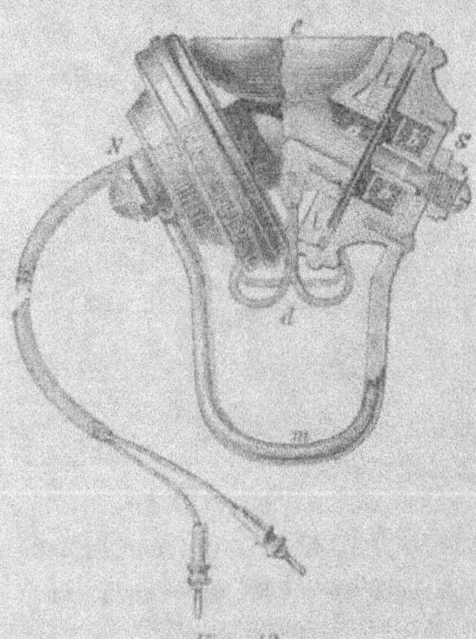

Fig. 43.

Cette disposition augmente considérablement le champ magnétique et les sons s'en trouvent fortement accrus. La figure 45 représente le téléphone à couronne double, qui se compose de deux téléphones à couronne simple, réunis de façon à ce que leurs membranes se rencontrent parallèlement en face l'une de l'autre. Le tuyau du porte-voix se trouve dans l'espace compris entre les membranes, et se termine par un tube perpendiculaire au centre des membranes. Ces deux instruments possèdent une action remarquable ; cependant la pratique a montré que l'on peut atteindre le même résultat d'une manière beau-coup plus simple, et par suite Phelps a donné nouvellement à son té-léphone la forme repré-sentée dans la figure 46, où il est désigné sous le nom de « téléphone Pon-ny ». Ici il n'y a en ac-tion qu'un pôle *a* de l'ai-mant d'acier *m*, qui a

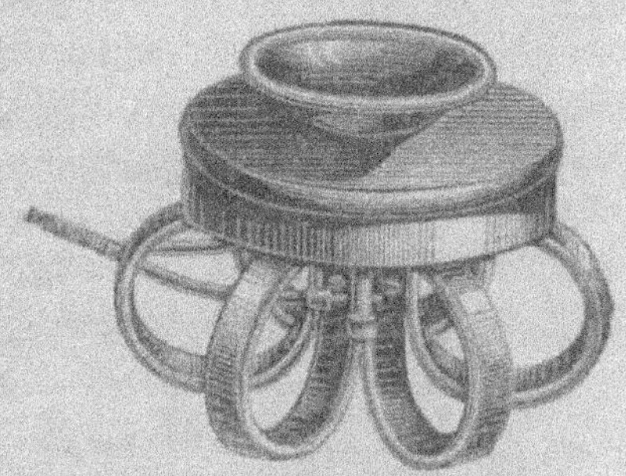

Fig. 44.

la forme d'un crochet oblong. Par rapport à d'autres téléphones, la membrane *c*, *c*, a un assez grand dia-mètre et possède par suite relativement une grande sensibilité ; *b* est la bobine d'induction et *e* le porte-voix :

Sars. — Les aimants *m* (figure 47) se com-posent de deux lamelles d'acier radialement at-tachées l'une à l'autre, courbées doublement à angle droit, et qui, sous la forme d'un hexagone ou d'un octogone, sont

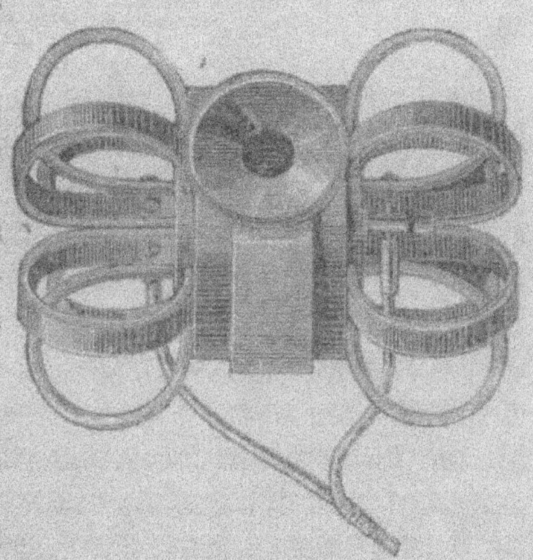

Fig. 45.

disposés autour d'une boîte en bois *h*, de façon à former deux centres de pôles opposés, placés l'un vis-à-vis de l'autre. Sur ces pôles sont vissées les plaques polaires N, S, qui ont la forme de tuyaux et sur lesquelles sont placées intérieurement les bobines d'induction *b*, *b*, la

membrane *d* est tendue entre ces plaques polaires, par
son bord circulaire, à l'aide de tubes en caoutchouc.
Cette disposition permet de donner un très grand diamètre à la membrane, et comme les pôles magnétiques N, S, agissent très énergiquement sur elle, ce
téléphone est très sensible. Par suite du placement des
pôles de noms différents l'un en face de l'autre, les
courants d'induction, provenant des bobines *b*, *b*,
s'augmentent réciproquement. Le téléphone, afin de lui

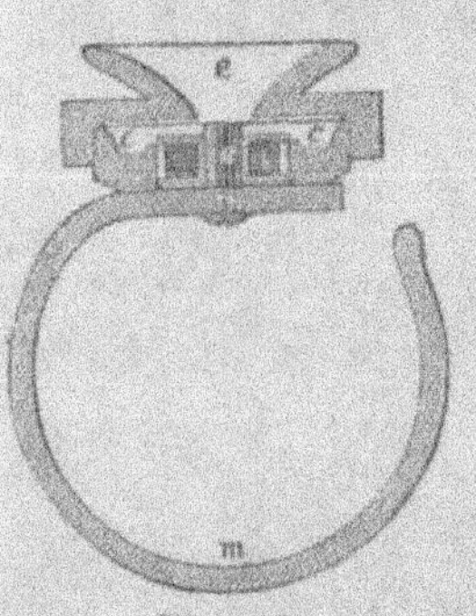

Fig. 46.

donner meilleur aspect, est enfermé en entier dans une boîte cylindrique en laiton qui porte deux
ouvertures centrales. Ces ouvertures sont munies de tuyaux acoustiques, et, en les posant sur les
deux oreilles, l'action sur l'ouïe
s'en trouve fortement accrue.

Trouvé. — Ce téléphone représenté figure 48 est remarquable par
la disposition de deux membranes.
Entre les deux membranes C, C, et C′, C′, dont la
première porte un trou dans le centre, tandis que l'autre
est pleine, se trouve l'aimant *m*, en forme de tuyau,
qui est enveloppé dans toute sa longueur par la bobine
d'induction ; autour de la bobine d'induction, on a
placé un certain nombre de bagues en tôle qui
doivent contribuer à fortifier l'action d'induction sur
la membrane. L'ensemble de l'appareil est enfermé
dans une boîte en bois cylindrique qui est munie
des deux côtés de porte-voix de forme plate. Si l'on
parle par l'ouverture *a*, les ondes sonores résonnent
contre le bord de l'ouverture de la membrane,
mettent la membrane en vibration, pénètrent aussitôt
dans l'aimant en forme de tuyau, arrivent à la mem-

brane pleine, et y excitent des vibrations isochrones. Il
résulte de là sur l'aimant en forme de tuyau une double
action d'induction qui est transmise dans la bobine,
par les courants induits qui sont d'autant plus énergiques que les lamelles de fer en forme d'anneaux
augmentent les actions produites dans les pôles opposés, ce qui a toujours lieu avec les
aimants droits dont le pôle inactif
est garni d'une armature.

Si nous résumons ce que nous
venons de dire sur les téléphones,
nous trouverons ce qui suit :

Le téléphone original Bell, pris
dans son action comme instrument
récepteur, téléphone pour l'oreille,
n'a pas reçu depuis 1877 de grands
perfectionnements. En somme les
perfectionnements dans son fonctionnement ne dépendent que du
soin et de l'exactitude apportés à
sa construction. On l'a bien construit plus solidement et muni d'aimants plus énergiques, mais c'est
toujours l'admirable et simple instrument qui nous est venu d'Amérique.

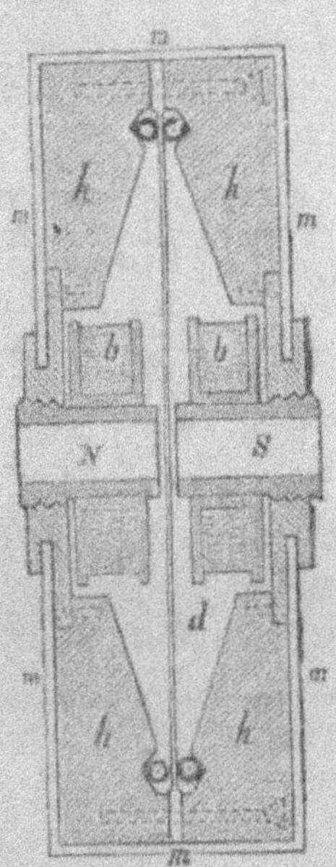

Fig. 47.

Gower a augmenté sa sonorité par le changement de
quelques-unes de ses parties et l'application d'un fort
aimant en fer à cheval ; mais l'expérience a montré que
l'augmentation de la sonorité du téléphone ne peut
être obtenue qu'aux dépens de la clarté de l'articulation. Bien que le téléphone Gower ait été adopté par la
direction des postes anglaises, il n'y a cependant rien
au-dessus de l'articulation délicate de l'instrument de

Bell. La modification d'Ader dans le récepteur de Bell est presque partout employée à Paris : c'est un joli et maniable instrument, dans lequel ce qu'on appelle l'excitation est utilisée pour accroître la sonorité, et où la disposition du fort anneau en fer dont nous avons parlé plus haut, augmente l'action de l'aimant sur la membrane. D'Arsonval a également modifié le récepteur Bell en plaçant la bobine d'induction dans un champ fortement magnétique par une disposition en forme d'anneaux, donnant pour résultat une concentration de l'action des lignes de forces magnétiques sur la bobine d'induction. L'action s'en trouve énormément augmentée et l'accroissement de la sonorité ne nuit pas à la délicatesse de l'arti-

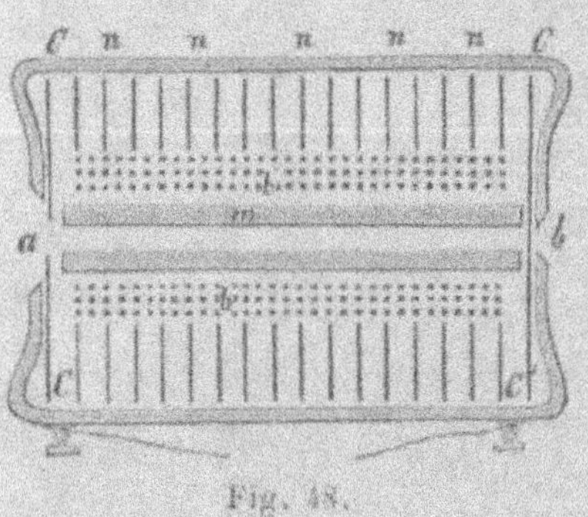

Fig. 48.

culation, comme dans d'autres systèmes. Comme nous l'avons exposé longuement plus haut, les récepteurs téléphoniques du type Bell reposent sur les actions magnétiques de courants électriques qui traversent des aimants ou des barres de fer doux. La croissance et la décroissance, en successions rapides et rhytmiques, de la force magnétique, engendrent des courants moléculaires dans les masses magnétiques et en général dans toute la masse de l'instrument, qui occasionnent dans l'ensemble des mouvements oscillatoires et produisent finalement des vibrations sonores. Ces vibrations sonores peuvent encore s'obtenir par d'autres dispositions téléphoniques, comme nous le verrons plus loin. En tous les cas, il importe de remarquer que la plupart

des constructions exposées jusqu'ici peuvent à peine,
dans le cas le plus favorable, surpasser le téléphone
récepteur de Bell et n'ont été produites que pour satisfaire à la passion de prendre de nouveaux brevets
d'invention.

CHAPITRE IV

Le Téléphone à batterie.

La grande particularité du téléphone Bell consiste en ce que le récepteur et le transmetteur constituent des instruments identiques; l'instrument est donc réversible, c'est-à-dire qu'on peut le faire fonctionner en sens inverse. Les ondes sonores de l'air viennent frapper sur un disque de fer et le mettent en vibrations devant un aimant, dont le pôle est entouré par une partie du circuit électrique sous forme de spirale d'induction. Par suite de ces vibrations d'une substance magnétique dans un champ de lignes de forces magnétiques, il se produit, dans la spirale de fil qui entoure l'aimant, des courants électriques, qui, variant de force et de direction avec les vibrations sonores, sont transmis par un fil à un point éloigné, y font varier la force magnétique d'un aimant semblable, de sorte que son attraction sur un disque de fer semblable y reproduit les vibrations du premier disque de fer, et excite, dans l'air qui l'environne, des ondes sonores qui transmettent à notre oreille les paroles et les sons. Les courants ainsi engendrés sont toutefois très faibles, car il se perd en route beaucoup d'énergie, de sorte que le résultat répond à peine aux besoins que demande la pratique des communications.

Edison montra, le premier, comment on peut augmenter ces courants.

A cet effet, il utilisa un fait acquis par ses expériences, que la résistance du charbon au passage du courant électrique varie suivant le degré de pression exercée sur ce charbon. Il revint ainsi à un principe découvert en 1856 par du Moncel de Paris, qui remarqua que l'intensité d'un courant électrique, dans un circuit où se trouve intercalé un interrupteur de courant, varie proportionnellement avec le degré de pression exercé sur le point de contact des parties conductrices de cet interrupteur.

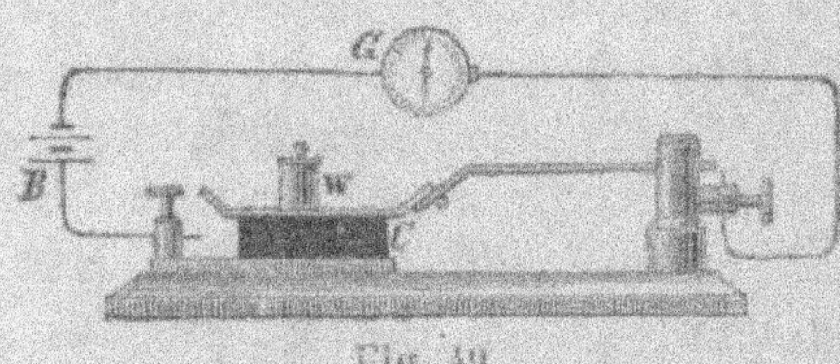

Fig. 49.

Pour utiliser dans le téléphone le principe qu'il croyait avoir découvert, Edison disposa un appareil de façon à ce que le disque (membrane) mis en vibrations par les ondes sonores, vint presser contre une pastille de charbon de graphite et que par suite la force du courant électrique traversant cette pastille de charbon devint variable. Ce courant variable passait par la spirale primaire d'une bobine d'induction et excitait dans la spirale secondaire de cette bobine des courants électriques beaucoup plus forts que ne pouvait en produire le téléphone Bell. Comme le fonctionnement de cet appareil nécessitait l'emploi d'une batterie, on désigna par suite ce téléphone sous le nom de *Téléphone à batterie*.

Dans ses premières expériences, établies sur ces données, Edison se servit de l'appareil représenté dans la figure 49. Il se compose d'un disque de charbon C, d'une batterie galvanique B, et d'un galvanomètre G. Le

disque de charbon repose sur une plaque métallique
munie d'une borne pour serrer un fil conducteur; sur
la planche qui sert de pied à l'appareil est placée une
petite colonne en métal, également munie d'une
borne pour attacher le fil conducteur, et sur laquelle se
trouve l'axe de rotation d'un levier. Le bout large de ce
levier repose sur le disque de charbon contre lequel il
est poussé par un poids w.
Avec cet appareil on démontre
que la résistance du charbon
diminue, et que par conséquent la force du courant
augmente, avec l'augmentation du poids w, qui accroît
la pression du contact.

La fig. 50 représente la disposition d'un appareil transmetteur d'Edison de cons-
truction récente. Le charbon
préparé C est entouré par
un cadre en ébonite et posé
sur une plaque de métal vissée sur la paroi de derrière
de la boîte métallique du té-

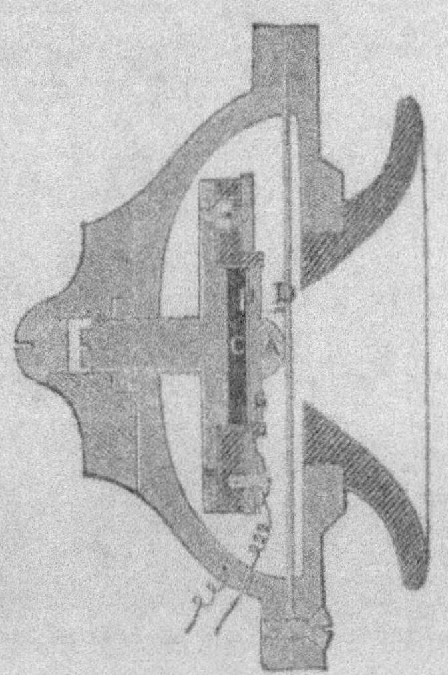

Fig. 50.

léphone. Le côté de devant du charbon est couvert par
un morceau de feuille de platine P, de forme circulaire,
qui est en communication avec une borne isolée de la
boîte, et qui sert à prendre un des bouts du fil du circuit, l'autre bout se trouvant réuni avec la boîte métallique.

Sur la feuille de platine A se trouve fixée une
feuille de verre G sur laquelle repose un bouton d'a-
luminium A. La membrane D appuie sur le bouton, de
sorte que, par suite, les vibrations de la membrane, pro-

duites par les ondes sonores, se transmettent sur le charbon avec des variations de pression.

La combinaison du transmetteur Edison avec un récepteur du téléphone à couronne Phelps est repré-

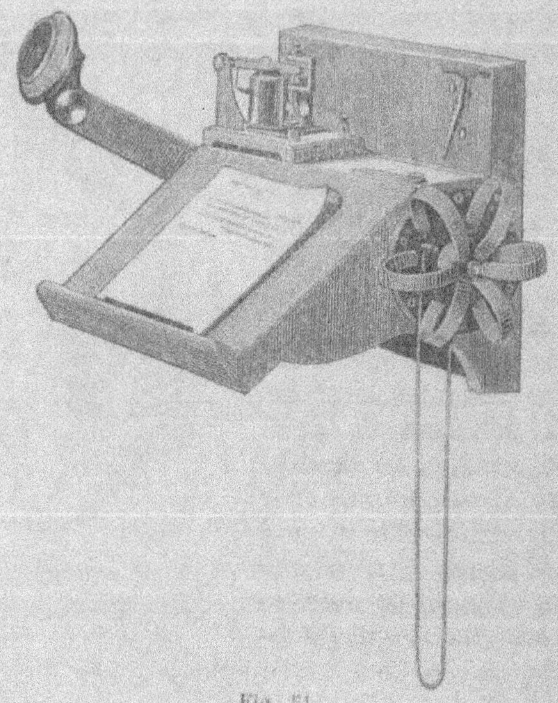

Fig. 51.

sentée dans la figure 51. Le téléphone à charbon est fixé sur un bras placé le long d'un petit pupitre, de façon à pouvoir y parler commodément. L'appel se fait au moyen d'une sonnerie télégraphique ordinaire et d'un commutateur pour l'interruption du courant.

Une disposition du téléphone à charbon d'Édison un peu différente de celle-ci se voit dans la figure 52. La aussi un petit disque de charbon K repose dans une sorte de petite caisse derrière la membrane C C, entre deux disques de platine O et I, qui sont réunis avec le circuit de la batterie. Au milieu de la membrane de métal est fixé un petit bout de tube en caoutchouc qui presse légèrement contre une plaque d'ivoire, placée directement sur le disque de platine du haut O. Sitôt

que la membrane subit le plus léger mouvement vibratoire, il s'ensuit un changement de pression sur le charbon, et par suite, aussi, une variation de courant dans le circuit. Le mouvement de la membrane se trouve amorti par le bout de tube de caoutchouc qui sert également à la remettre rapidement à son point

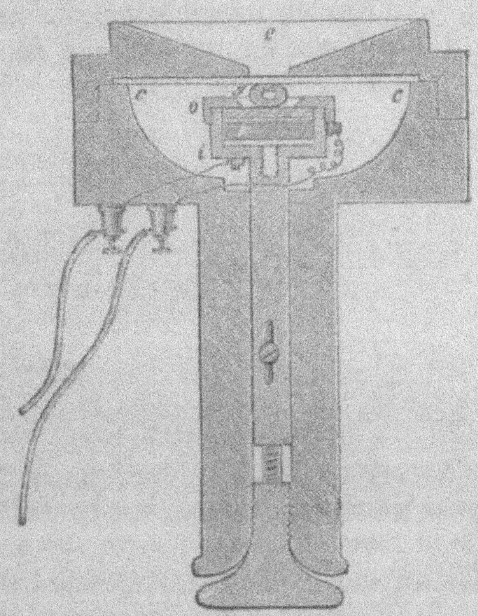

Fig. 52.

de repos, dès que la force agissante cesse. De cette manière on évite les interférences qui peuvent résulter de la durée trop prolongée des vibrations de la membrane, et la reproduction des paroles gagne en clarté et en distinction.

Analogue au téléphone à charbon d'Edison est le téléphone Righi, qui fit en son temps un certain bruit en Italie. Righi emploie comme récepteur un téléphone

Bell, muni d'une très grande membrane, faite en papier de parchemin et qui n'est armée au milieu que par un disque de fer ; par contre, l'aimant prismatique est de très grande dimension. Le transmetteur est représenté dans son principe par la figure 53.

Sur l'extrémité d'une lamelle à ressort $e\,g$ se trouve placée une petite coupelle q remplie d'un mélange de graphite et de poudre d'argent. Au-dessus se trouve la membrane $c\,c$ qui porte à son centre une pointe

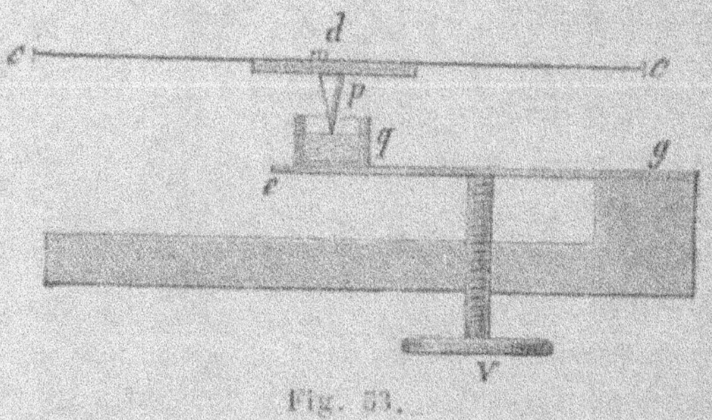

Fig. 53.

conique p dont le bout, légèrement émoussé, presse sur cette poudre ; cette pression peut être réglée au moyen de la vis v. Le mode d'action de cet instrument s'explique comme celui du téléphone à charbon d'Edison.

Un téléphone à charbon d'une construction un peu différente a été exécuté par Ader. Comme on le voit dans la figure 54, il consiste en une boîte munie d'une poignée ; l'intérieur de cette boîte est traversé par un crayon en bois qui porte à son extrémité supérieure une assiette en bois, et qui, bien que fixé à la boîte, a cependant assez de liberté pour suivre les mouvements des ondes sonores qui viennent frapper contre l'assiette. L'autre bout du crayon est armé d'un petit cylindre de charbon a qui s'appuie contre un petit morceau de

charbon *b* fixé sur le fond de la boîte et qui se trouve
en communication avec une des bornes placées sur une
des faces extérieures de la boîte, tandis que le crayon
de charbon est réuni avec l'autre borne ; de sorte que,
le courant de la batterie passant par les bornes pour
se rendre à l'instrument, est forcé de traverser le contact
de charbon mobile, et, par suite des variations exercées
par les ondes sonores sur la pression de ce contact,
il se produit dans le circuit des variations correspondantes dans la force du courant.

Cet instrument, appelé électrophone, ouvre déjà la route à une
autre catégorie d'instruments téléphoniques que nous décrirons
dans le chapitre suivant sous la
désignation de microphones.

A ce transmetteur de construction particulière, Ader a
réuni en système téléphonique,
comme récepteur, un autre téléphone qu'il a désigné sous le
nom de « Téléphone à fil defer. »
C'est un téléphone sans plaque
vibrante, représenté figure 55.

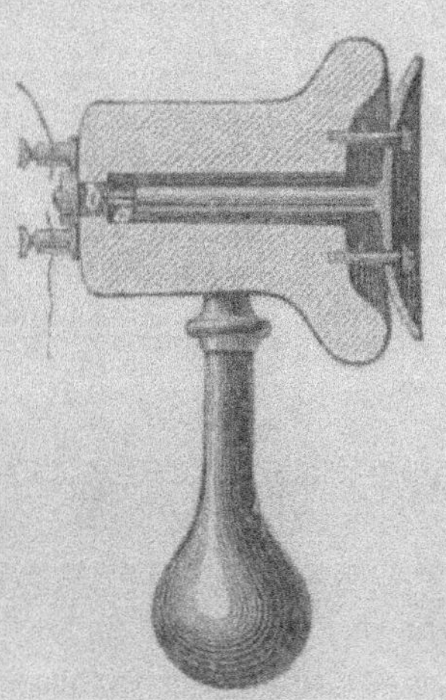

Fig. 54.

Sur l'histoire de l'invention de cet instrument Du Moncel[1] dit ce qui suit :

« Pour s'assurer si l'action téléphonique était due à des
vibrations moléculaires ou transversales, Ader construisit un téléphone sans membrane ni diaphragme avec
lequel il ne put néanmoins reproduire que des sons
articulés et non des paroles. En prenant des noyaux
magnétiques de différentes dimensions il s'aperçut

1. Th. Du Moncel, *Le Téléphone*, Paris, 1882.

bientôt que les sons gagnaient en intensité à mesure qu'il diminuait le diamètre de ses noyaux et en le réduisant à la grosseur d'un simple fil de fer d'un millimètre de diamètre, il put parfaitement entendre la parole. Mais son étonnement fut bien plus grand encore, quand en appliquant contre le bout libre de ce fil de fer, piqué dans une planche, une masse métallique, il constata que l'intensité des sons était plus que doublée, ce qui concluait dans tous les cas d'une façon péremptoire en faveur de la théorie moléculaire dont nous avons parlé plus haut. »

Dans la figure 55 m est un fil de fer entouré d'une bobine b aux deux bouts de laquelle sont soudées les deux masses de cuivre f et d. La masse de cuivre f est fixée au bout d'un long tuyau de laiton et réunie avec l'embouchure e; l'autre bout du tuyau est fermé par un bouchon d'ébonite i, sur lequel se trouvent les deux bornes de serrage des fils conducteurs. La masse de cuivre d est réunie avec la masse de cuivre encore plus grande g, et les deux masses d, g, forment un cylindre, dont le diamètre est assez semblable à la

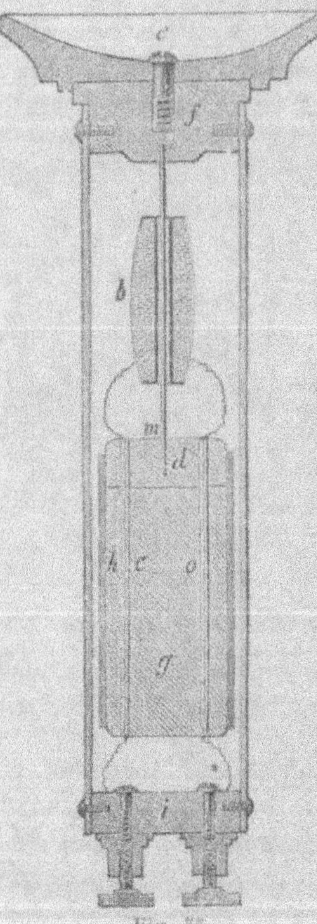

Fig. 55.

largeur intérieure du tuyau ; ce cylindre est recouvert
à l'extérieur de caoutchouc h, h, de sorte qu'aucun
contact ne peut avoir lieu avec le tuyau. Les bouts des
fils de la bobine d'induction b, sont isolés, passent à
travers le cylindre de cuivre d, g, et sont réunis aux
bornes désignées plus haut. Cet instrument a, dit-on,
donné de très bons résultats. Du Moncel explique son
action comme suit. Les vibrations moléculaires du fil
de fer agissant principalement dans le sens longitudinal, s'effectuent plus vite que les mouvements qui
pourraient être communiqués à la masse d, g, en raison
de son inertie, et il en résulte de petites percussions
qui augmentent beaucoup l'effet mécanique des vibrations du fil de fer, lesquelles se trouvent du reste transmises mécaniquement à la masse f et par suite à l'embouchure.

Le téléphone hydro-électrique de Richmond, qui fut
breveté en 1878 aux États-Unis, ressemble sous certains
rapports au téléphone à charbon d'Edison, bien qu'en
place de charbon ou de graphite on emploie ici le
changement de résistance produit par l'eau. Deux
pointes de platine plongeant dans l'eau sont réunies en
circuit avec la ligne et la batterie. Une des pointes est
fixée sur une petite feuille de métal, qui vibre par le son
de la voix ; les vibrations impriment à cette pointe un
mouvement de va-et-vient dans la direction de l'autre
pointe, diminuent ou augmentent alternativement
l'épaisseur de la couche d'eau qui les sépare, et par
suite la résistance, qui exerce des variations correspondantes dans la force du courant qui circule dans la
ligne.

Le téléphone à mercure de Breguet est fondé sur le
phénomène découvert par Lippmann, de l'électricité ca-
pillaire, qui se manifeste de la manière suivante : Si une

couche d'eau acidulée est superposée à du mercure, et réunie au moyen d'une électrode et d'un fil avec celui-ci, de manière à constituer un circuit, toute action mécanique qui aura pour effet de presser sur la surface du mercure déterminera une réaction électrique capable de donner lieu à un courant dont la force sera en rapport avec l'action mécanique exercée. Par réciproque, toute action électrique qui sera produite sur le circuit d'un pareil système donnera lieu à une déformation du ménisque et par suite à un mouvement de celui-ci,

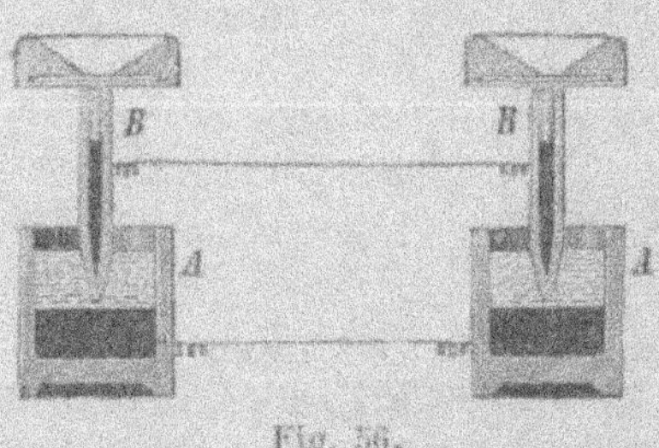

Fig. 56.

qui sera d'autant plus caractérisé que la colonne de mercure sera plus étroite et plus longue et l'action électrique plus grande. Cette action électrique pourra d'ailleurs résulter d'une différence de potentiel dans l'état électrique des deux extrémités du circuit mis en rapport avec une source d'électricité quelconque.

La figure 56 représente l'appareil téléphonique construit par Breguet pour l'application de ce phénomène : Dans deux verres A A, remplis partie de mercure et partie d'eau acidulée, plonge un tube de verre B B, presque plein de mercure, dont l'extrémité inférieure se termine en pointe et qui porte à son extrémité supérieure une plaque de forme circulaire susceptible de vibrer ; les deux colonnes de mercure des tubes B B, ainsi que les couches de mercure dans les verres A A, sont réunies ensemble par un fil conducteur et constituent un circuit fermé.

Si l'une des plaques B ou B est mise en vibrations,

ces vibrations seront transmises sur l'autre plaque par
l'influence des colonnes de mercure qui entrent également
ment en vibration.

Un appareil très sensible a été construit par Breguet
de la manière suivante :

Un tuyau de verre fin, de quelques centimètres de
longueur, contenant alternativement des gouttes de
mercure et d'eau acidulée, est fermé à la lampe à ses
deux extrémités, qui laissent pourtant un fil de platine
prendre contact de chaque côté sur la goutte de mercure
la plus proche. Une rondelle de sapin mince est fixée
normalement au tube par son centre. Deux de ces
instruments peuvent être réunis ensemble comme transmetteur et récepteur en un système téléphonique, et
produisent les avantages suivants :

1° Ils ne nécessitent l'usage d'aucune pile pour produire l'action téléphonique.

2° L'influence perturbatrice de la résistance d'une
longue ligne est presque nulle pour ces instruments,
alors qu'elle est encore appréciable avec le téléphone
Bell.

En dehors des principes électriques dont nous avons
parlé, on en a encore utilisé d'autres dans la construction des transmetteurs et des récepteurs téléphoniques.

Ainsi, par exemple, l'action électrochimique a été mise
en pratique par Edison, pour obtenir un téléphone
parlant très haut. Le principe qui avait été trouvé
depuis longtemps par Edison et lui avait servi de base
en 1872 dans la construction d'un relais sensible pour
les lignes télégraphiques à grande résistance, consiste
en ceci : que si l'on presse légèrement avec une bande
de platine réunie à un des pôles de la batterie sur une
bande de papier humectée par une dissolution faible
de potasse caustique placée sur un disque de métal

réuni à l'autre pôle de la batterie, la résistance du frottement qui est produit par le passage du courant électrique se trouve beaucoup amoindrie. Si par ce mouvement de la bande de platine sur le papier ainsi humecté, le courant de la batterie se trouve alternativement interrompu et rétabli, on ressent dans la main qui exécute le mouvement, combien la bande de platine peut glisser facilement ou difficilement, et les variations de cette résistance produite par les variations de frottement sont proportionnelles à la force du cou-

Fig. 57.

rant. Nous ne connaissons encore pas l'explication absolue de ce phénomène, cependant on suppose que le courant qui traverse la feuille de papier produit une décomposition du liquide, de sorte que la bande de platine, au moment où le courant passe, se trouve séparée du papier par une légère couche de gaz, qui fait disparaître le frotte-ment.

En tous les cas le fait suffit pour la construction du téléphone électrochimique. Si l'on fixe, comme le représente la figure 57, une baguette platinée *a*, verticalement au centre d'une membrane D en mica suffisamment tendue, mais conservant encore une certaine élasticité, et si l'on continue ensuite la disposition de façon à ce que le bout du bâton platiné glisse dans la direction de la flèche sur un cylindre de métal mobile A, recouvert d'un mélange humide de craie, de potasse et d'un peu d'acétate de mercure, et que le bâton et le cylindre soient réunis avec les pôles d'une batterie

galvanique, de façon à ce que le courant électrique soit
forcé de passer par le point de contact entre la barre et
le cylindre, le bâton, chaque fois qu'il se produira des
variations dans le courant, sera, suivant la force de ce
courant, entraîné par le mouvement du cylindre, tantôt
plus, tantôt moins vite, et par suite la plaque de mica
d'à peu près dix centimètres de diamètre s'approchera
tantôt plus, tantôt moins du cylindre, et sera mise par
suite en oscillations. Si donc maintenant ces changements de courant sont produits par un appareil transmetteur Bell intercalé dans le circuit, le cylindre A,
mis en mouvement régulier au moyen d'un mouvement
d'horlogerie, par suite des variations de frottement
correspondantes aux variations du courant, qui se produiront entre sa surface préparée chimiquement et la
baguette platinée *a*, déterminera des vibrations dans la
membrane en mica, et excitera dans l'air ambiant des
ondes sonores semblables à celles produites par la voix
de la personne qui aura primitivement parlé dans un
transmetteur électro-magnétique Bell, ou un transmetteur à charbon d'Edison. Edison a trouvé que cet
instrument possède, comme récepteur magnétique, une
action plus énergique, s'il est intercalé dans un courant
d'induction, que s'il se trouve directement dans le circuit du transmetteur (par exemple d'un transmetteur
à charbon d'Edison).

Le diagramme de la figure 58 donne la disposition
de la réunion de deux instruments semblables d'Edison.
Dans cette figure, S est le transmetteur à charbon et *g*
le récepteur électro-chimique; B est la batterie galvanique et I une bobine d'induction. Le mouvement
oscillant qui est communiqué au courant électrique par
suite de son passage par le disque de charbon du récepteur, dont la résistance varie continuellement sous

l'influence des ondes sonores, produit par induction un courant correspondant oscillatoire dans le circuit secondaire de la bobine d'induction I, et pendant que ce courant oscillatoire est transmis par le fil de ligne vers le récepteur, il résulte, par suite des changements d'intensité dans la décomposition électro-chimique, qui se produit entre le cylindre mobile de craie et la lamelle de platine qui presse dessus, des variations cor-

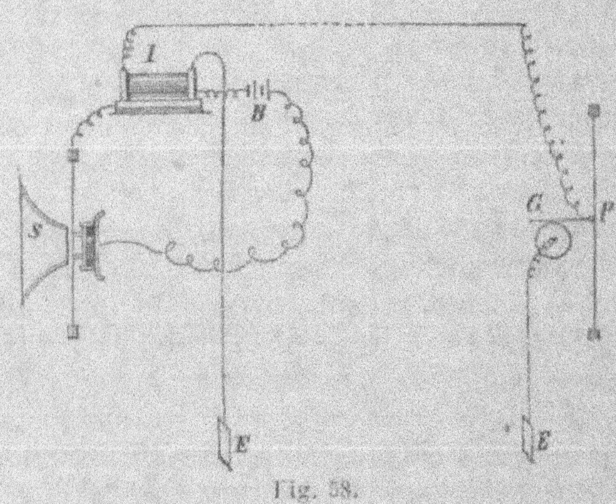

Fig. 58.

respondantes dans le coefficient de frottement entre les deux surfaces de contact et la tension de la membrane élastique du récepteur; l'équilibre entre sa propre force de résistance élastique et sa tendance à réagir contre ces changements de frottement, se manifeste par la reproduction des ondes sonores, et même le son se reproduit beaucoup plus fort que n'a été celui qui a excité les courants oscillatoires dans le fil primaire originaire.

Encore un autre principe pour la transformation des ondes sonores en courants électriques oscillatoires sur le récepteur a été employé par W. H. Preece; ce principe repose sur *l'action électrothermique* en ce sens que, dans le passage d'un courant par un fil fin, il se produit un échauffement du fil et, par suite, une dilatation, ainsi que par la diminution dans la force de courant, il se produit de nouveau un refroidissement et une contraction du fil. L'emploi de ce principe ne peut compter que comme curiosité physique, puisqu'un pareil système téléphonique ne peut être adopté pour l'usage pratique. *Le principe électrostatique* a été également essayé pour actionner les récepteurs téléphoniques. Un téléphone de ce genre a été construit récemment par le professeur Dolbear; une particularité de cet instrument, c'est sa simplicité extraordinaire; il ne se compose en effet que de deux plaques plates de métal circulaires tendues dans une boîte d'ébonite, isolées et placées à très petite distance l'une de l'autre. Si l'une de ces plaques est électrisée positivement par une charge électrique, il en résulte par induction l'électrisation négative de l'autre. Par cette opposition électrique des plaques il se produit entre elles une attraction réciproque et le résultat de la transmission des courants téléphoniques est de telle sorte qu'il se produit des vibrations sonores, qui ont pour conséquence la reproduction de la parole.

Ce téléphone Dolbear doit être moins sujet aux dérangements extérieurs (bruits d'induction dans le circuit dont nous parlerons plus loin) que les autres appareils, d'abord parce que les courants qui passent par la ligne sortent du fil secondaire d'une bobine d'induction, et qu'ensuite on n'emploie généralement pas de circuit fermé. Ces deux points réagissent contre les bruits d'induction qui sont en général extrêmement gênants dans le trafic téléphonique. Les courants intensifs de la spirale secondaire se laissent mieux diriger que les courants oscillatoires agissant directement. On admet qu'un condensateur intercalé dans le circuit a pour effet d'interrompre le circuit des courants d'induction en ne faisant qu'augmenter, pour ainsi dire, les ondulations des courants vocaux, et que par suite il peut vaincre le trouble qui se produit généralement dans les communications sur les lignes à longue distance, par suite du voisinage du sol. L'instrument Dolbear est même ce qu'on peut appeler un condensateur d'air, puisque les deux disques de métal d'électricité opposés sont isolés l'un de l'autre par une mince couche d'air, aussi est-il bien possible de trouver dans cet appareil les deux avantages dont nous avons parlé : la suppression des bruits d'induction et l'amélioration de l'articulation sur les lignes à longue distance, puisqu'il supprime, dans une certaine mesure, les causes des dérangements qui proviennent de l'induction statique du sol. Les expériences ont prouvé que tel est réellement le cas. Les meilleurs résultats ont été obtenus avec des disques ayant à peu près 7 cent. et demi de diamètre et l'emploi d'un courant de forte tension, avec 3000 ohms sur le fil secondaire. La résistance à travers laquelle le récepteur Dolbear peut agir est considérable ; l'action commence déjà à se produire dès que l'instrument approche du circuit, et même quand il est à 7 et 8 mètres de distance, l'action ne cesse pas encore complètement. Il n'est pas nécessaire de mettre le deuxième disque en communication avec la terre, bien que l'action en devienne encore plus énergique. Dans ce cas l'instrument parlait encore, bien que le deuxième disque fût en ébonite et électrisé par un simple frottement. L'instrument a fonctionné par un temps humide sur une distance de 410 kilomètres et

même aussi bien que par un temps sec. L'appareil
Dolbear ne craint pas dans son circuit une induction
qui mettrait hors de service les autres téléphones. Tels
sont les renseignements qui ont été fournis par le professeur Dolbear lui-même à la *Society of telegraph
engineers and electricians* à Londres.

Le téléphone condensateur Dolbear qui sert de récepteur est représenté en coupe par la figure 59.
Deux disques de métal *cc*, ayant à peu près 5 centimètres de diamètre, sont fixés dans une boîte *d* en
ébonite, de façon à ce qu'ils se trouvent éloignés de 2 à
3 millimètres l'un de l'autre
et isolés. Le disque extérieur
qui regarde le porte-voix *e* est
muni au centre d'un petit trou,
et contre le disque inférieur
s'appuie une vis *v* qui l'empêche de vibrer et sert également à la courber plus ou
moins contre le disque supérieur et à régler ainsi entre

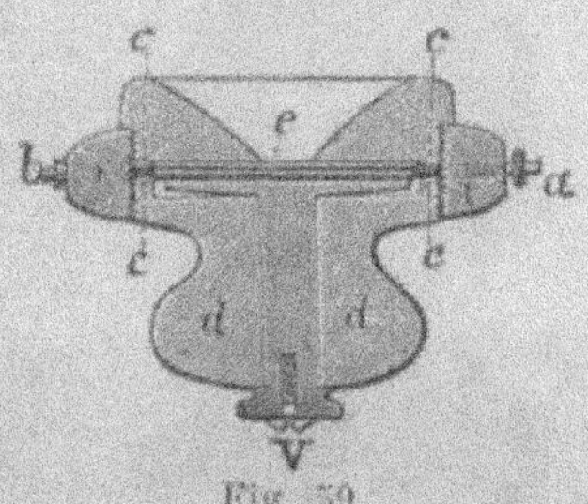

Fig. 59.

les deux disques la distance qui convient le mieux
à la marche de l'instrument. Le disque extérieur
peut vibrer librement sous l'influence des courants
oscillatoires; il est réuni à la ligne par la borne *a*,
tandis que le disque inférieur communique avec la
terre par la deuxième borne *b*. Dans ces conditions,
lorsque les courants vocaux venant du circuit du
courant secondaire du transmetteur arrivent par la
ligne, ils distribuent sur les disques des charges électriques opposées, exactement comme cela se passe dans
un condensateur électrique ordinaire, par exemple, dans
une bouteille de Leyde ou sur une plaque de Franklin.
Il en résulte que les disques exercent l'un sur l'autre

une force d'attraction réciproque, qui varie dans de certaines limites avec la force du courant; par suite, le disque de devant entre en vibrations distinctes, et les paroles prononcées à la station éloignée dans le transmetteur en communication avec le récepteur Dolbear (transmetteur qui peut appartenir à un système téléphonique quelconque destiné pour les transmissions à grande distance) se trouvent reproduites d'une façon haute et distincte. L'instrument représente donc un condensateur parlant par rapport au condensateur

Fig. 60.

chantant cité plus haut. L'articulation de l'instrument Dolbear est bonne, cependant il produit quelquefois un certain changement dans la nuance du timbre vocal. Ce petit inconvénient est probablement particulier à cet instrument, mais il n'a, dans la plupart des cas de la télégraphie téléphonique, aucune importance, en présence du grand avantage qu'il possède dans sa faculté d'élimination des perturbations généralement causées par l'induction.

L'instrument *téléphonique acoustique* de Dunand (récepteur) offre un autre exemple de l'emploi du condensateur électrique dans la téléphonie. Cet instrument est formé de 30 ou 36 petites feuilles carrées de papier d'argent (étamé des deux côtés) de 5 à 6 centimètres de côté, qui sont séparées l'une de l'autre par du papier ordinaire ou mieux par du papier paraffiné (trempé dans la paraffine). Le paquet de papier ainsi formé est fermé sur chaque côté par une plaque de bois ou d'ébonite, de taille semblable et percée au milieu. Une de

ces ouvertures est souvent munie d'un tube de caoutchouc, afin de faciliter l'audition; cependant l'instrument peut aussi être employé avec les deux oreilles en
même temps de la manière représentée par la figure 60.
Chacun des deux condensateurs est en communication
avec les deux bouts de la ligne (fig. 61), et l'on voit
d'après le dessin les fils réunis ensembles pendre sur
le devant de la tête de la personne qui écoute.

La figure 61 représente la disposition du système
téléphonique Dunand. A la station de départ se trouve
le transmetteur S, qui dans ce cas est fermé par ce
que l'on appelle un microphone; on y voit la batterie

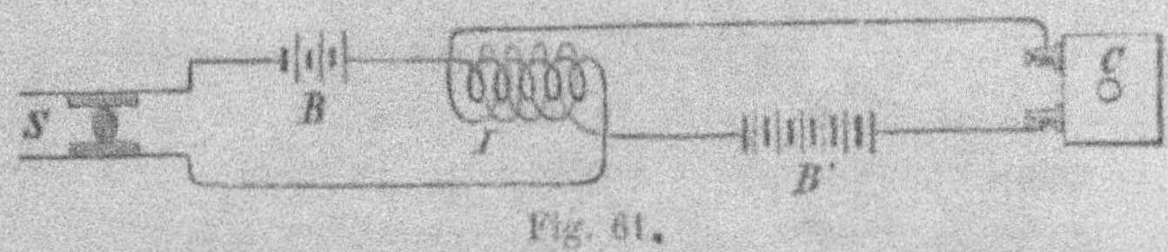

Fig. 61.

B et le fil primaire d'une petite bobine d'induction I,
intercalée dans le circuit. Le fil secondaire de cette
bobine communique avec la ligne L et avec une batterie B', composée de quelques éléments; les deux
bouts libres du fil secondaire sont unis avec les armatures du petit condensateur C qui constitue l'appareil
récepteur.

Pour disposer l'appareil à reproduire l'envoi téléphonique assez fortement pour que plusieurs personnes puissent l'entendre en même temps, Dunand
a construit, en forme d'éventail, le condensateur qui
est représenté dans la figure 62; celui-ci est composé
de douze petits condensateurs qui sont intercalés dans
le circuit du courant secondaire. Les condensateurs
sont réunis dans une caisse conique qui va en s'élar-
gissant par le haut, de sorte que leurs bords se touchent

presque par le bas et sont séparés par le haut par un espace à peu près égal à leur épaisseur. Dans ces conditions, le condensateur intercalé dans le circuit secondaire de quinze éléments Leclanché (B', figure 61) reproduit assez haut l'envoi téléphonique pour que l'on puisse l'entendre à une distance de plus d'un mètre; lorsqu'il est intercalé sur un circuit de 30 éléments cette distance peut atteindre 5 à 6 mètres. Ce conden-

Fig. 62.

sateur récepteur possède en outre la qualité de reproduire la parole d'une façon claire et distincte sans que la reproduction soit troublée par le crépitement particulier qui se fait le plus souvent entendre dans l'emploi des plaques métalliques. Ce crépitement se produit dans tous les cas où avec des téléphones du système Bell, on veut forcer le ton de la reproduction, par l'agrandissement du diamètre de la plaque et la facilité qu'on lui laisse de se mouvoir.

L'instrument transmetteur d'Hopkins (fig. 63) est de construction particulière. La membrane sonore A est munie dans le milieu d'une petite capsule en

laiton B dans laquelle repose une pastille de charbon
de 4 à 5 millimètres de diamètre et de hauteur. Cette
pastille sort à moitié de la capsule, et cette partie est
entourée par un petit rouleau de carton qui dépasse à
peu près de 3 millimètres la pastille de charbon. Entre
cette enveloppe de carton B et la membrane sonore A,
se trouve une petite bande de feuille de cuivre (à gauche
dans la figure) qui s'avance jus-
qu'au bord de la membrane et qui
se trouve pressée contre elle par
un ressort fixé à la boîte C; ce ressort se trouve en communication
avec un fil qui descend par la
boîte et traverse le pied de l'appareil au point X. La boîte C a dans
son intérieur à peu près 16 millimètres de diamètre, et du fond
jusqu'à la membrane 100 millimètres de hauteur. Dans la boîte
se trouve une sorte de petit flacon
D, qui est porté par un anneau P,
dont la position se règle au moyen
d'une vis E. Le flacon a un long
col, large à peu près de 4 milli-
mètres, et un fond pointu, dans lequel on a soudé

Fig. 63.

un fil de platine, qui sort par le fond de la boîte
au point Y, et qui se trouve en communication avec la
batterie locale. Le flacon D est rempli en partie avec
du mercure, dans lequel plonge un petit crayon de
charbon à lumière électrique d'environ 3 millimètres de
diamètre sur 55 millimètres de longueur, dont les
pointes sont arrondies et parfaitement lisses. Le soulèvement du mercure produit le contact du bout supérieur de ce petit crayon de charbon avec la pastille de

charbon B. La membrane sonore, qui est faite en verre de Moscovie, comporte à peu près 40 millimètres de diamètre et est fixée solidement par ses bouts entre du bois trempé dans la paraffine ou mieux de l'ébonite. Le mode d'action de cet instrument est facile à expliquer.

La figure 64 montre la combinaison de cet appareil de transmission avec un téléphone Bell ; a et b sont les bouts du fil primaire de la bobine d'induction C. Le fil a est uni avec la batterie locale B, tandis que le fil b s'attache au fil, désigné dans la figure 63 par x, de l'instrument transmetteur T, qui est en communication au point y avec l'autre pôle de batterie. Un bout du fil secondaire de la bobine d'induction se rend du point G vers la terre, tandis que l'autre fil d est réuni avec le récepteur téléphonique (téléphone Bell) R. L'autre pôle de ce téléphone est en communication avec la ligne L.

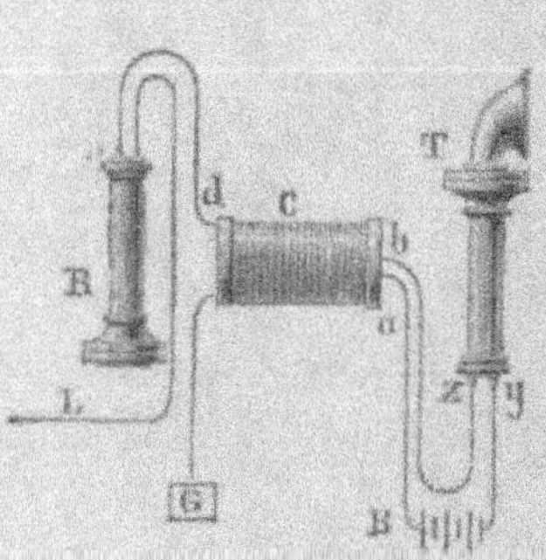

Fig. 64.

La bobine d'induction l est composée de fil de cuivre recouvert, la spirale primaire de fil numéro 18 et la spirale secondaire de fil n° 36 de la jauge de Birmingham, en longueur suffisante pour remplir la bobine ; en outre la bobine est munie d'un noyau de fer doux d'une épaisseur de 10 millimètres.

Si l'on veut établir des instruments transmetteurs téléphoniques de reproduction particulièrement haute, il est nécessaire de combiner d'une manière particulière les courants qui doivent les traverser. En observant ce principe, Boudet de Paris, par exemple, au moyen de son récepteur à membrane de papier, est

parvenu à faire parler haut un téléphone Bell ordinaire,
et on peut de la même manière transformer un téléphone Gower ou Siemens au moyen d'un récepteur
formant microphone, et lui faire reproduire les paroles
très haut, bien que cependant avec une mauvaise articulation. Le docteur Herz a montré ces faits d'une
manière curieuse, en munissant le téléphone Gower d'un
porte-voix par lequel il reproduisait si fortement les
paroles qu'elles pou-
vaient être enten-
dues dans une
grande chambre,
bien que l'on n'eût
parlé que dans une
espèce de transmet-
teur Reis. C'est à
peine si l'on a intro-
duit des modifica-
tions dans la cons-
truction primitive de
ces instruments; ce
n'est que la disposi-
tion électrique qui est combinée de manière à produire
une action énergique.

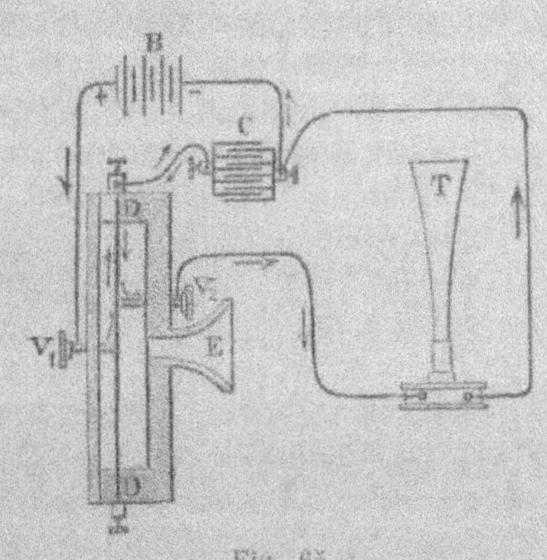

Fig. 65.

Pour comprendre la possibilité de cet accroissement
d'énergie par des moyens électriques, il ne faut pas
oublier que, d'après les recherches de Guillemin, la
quantité d'électricité fournie dans un certain temps
par une batterie est relativement beaucoup plus considérable que celle provenant d'une machine électrique,
statique (c'est-à-dire d'une machine d'électricité ordinaire), de sorte qu'un condensateur de très grande
surface peut être chargé immédiatement avec une batterie, tandis qu'un bien plus grand espace de temps

serait nécessaire pour charger ce condensateur avec une machine d'électricité statique.

Il est vrai que, dans le dernier cas, la tension serait beaucoup plus grande, mais la quantité d'électricité condensée en un certain temps devient beaucoup plus petite et, dans le cas qui nous occupe (l'action téléphonique), les effets dépendent essentiellement de la quantité d'électricité mise en jeu.

On comprend par suite, que par l'emploi de grands condensateurs dans le circuit d'un téléphone, il devienne possible d'obtenir une suite rapide de chargements et de déchargements, qui produisent de grandes quantités d'électricité, et, par conséquent, une forte action sur le récepteur téléphonique.

Telle était l'idée du docteur Herz; mais pour employer le principe avec succès, il a jugé nécessaire que ce soit le transmetteur qui, à chaque double vibration de la membrane sonore, charge et décharge le condensateur; on obtient ce résultat en plaçant un contact sur chaque côté de la membrane sonore, dont l'un se trouve en communication avec la batterie, et l'autre avec un contact de l'armature du condensateur, tandis que la membrane sonore est elle-même en relation avec la deuxième armature du dernier.

Une esquisse de cette combinaison est représentée par la figure 65. On y voit à droite le récepteur, un téléphone Gower, muni d'un grand porte-voix T; à gauche le transmetteur; la batterie au point B et le condensateur au point C. Le transmetteur se compose d'une embouchure E et d'une membrane D D qui est fixée entre deux vis de contact V^1 V^2 dont V^1 est réuni avec le récepteur T et V^2 avec le condensateur C.

A l'état normal aucune des vis de contact ne touche la membrane; mais au moment où un son ou un bruit

quelconque s'introduit dans l'embouchure E, les vibrations qui se dirigent vers V^1 ont pour effet de mettre
la batterie en relation avec les deux armatures du condensateur, ce qui fait circuler le courant dans la direction de la flèche. Le résultat fait que l'armature du
condensateur qui se trouve à gauche, par suite de sa
réunion avec le pôle positif de la batterie (au moyen de
la membrane et de la vis V^1) se trouve chargée positivement, tandis que l'armature qui se trouve à droite,
par sa relation directe et permanente avec le pôle né-

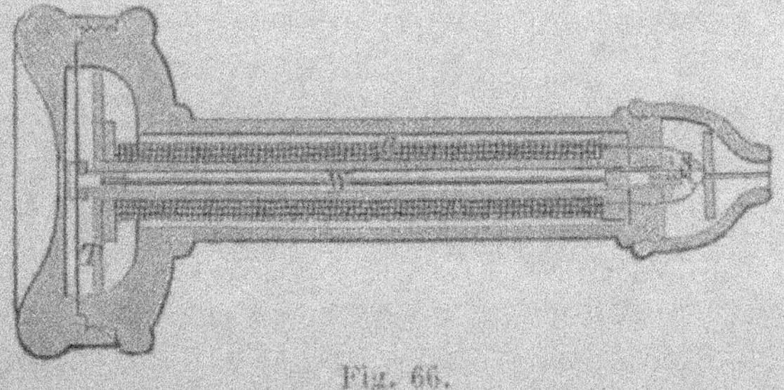

Fig. 66.

gatif, se charge négativement. Par contre, les vibrations
de la membrane DD, qui se dirigent vers la droite,
produisent, par suite de la cessation de contact avec la
vis V^1 et le rétablissement de contact avec la vis V^2, la
communication du condensateur avec la vis V^2, par
le circuit dans lequel est intercalé le récepteur T. De
là résulte une série de déchargements par le récepteur,
qui correspondent avec les interruptions du courant
par suite des vibrations de la membrane DD; et ces
déchargements sont, par suite de la condition particulière de la force d'action électrique, en état de reproduire les ondes sonores, par lesquelles ces vibrations
ont été occasionnées.

Le condensateur mis ici en application par le docteur

Herz se composait d'une partie d'un câble sous-marin
ayant une capacité électrique d'à peu près 7 microfa-
rads et la batterie employée était formée de cinq éléments Leclanché.

L'un des plus récents récepteurs téléphoniques est
celui du professeur Silvanus P. Thompson ; il représente
une nouvelle forme du téléphone Reis, dans lequel,
comme on le sait, les courants sont reçus dans une spirale de fil qui entoure une barre de fer ou d'acier. Les
changements dans l'intensité des courants produisent

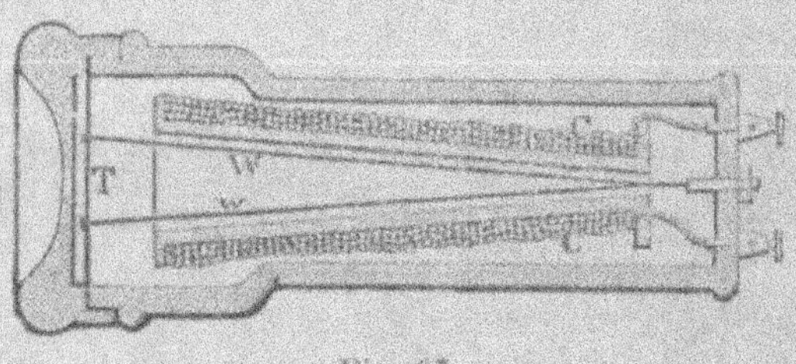

Fig. 67.

des changements correspondants dans la barre, qui
produit des sons par suite de son changement d'état
moléculaire. Le résultat final de ces changements moléculaires est une dilatation ou une contraction de la barre.
Si la barre est de fer, d'acier, ou de cobalt, l'aimantation
produira un allongement dans la direction de la magnétisation ; si elle est en nikel, l'effet produit sera le
contraire. Dans l'instrument de Reis que nous connaissons, les sons produits sont faibles, parce que d'un
côté la masse du métal magnétique est trop grande
pour permettre que les changements dans le degré
d'aimantation puissent avoir lieu assez rapidement, et
que, de l'autre, l'organisation acoustique laisse à désirer.

L'instrument de Thompson est bien basé également

sur le principe que l'on appelle la résonnance galvanique, mais on a évité les imperfections que l'on remarque dans le téléphone Reis.

Les figures ci-contre représentent quatre formes de l'instrument Thompson; les parties semblables de chacune sont partout désignées par les mêmes lettres.

La figure 66 représente une mince barre de fer ou un morceau de fil de fer, d'acier, ou de cobalt, fixé par un de ses bouts au centre de la membrane T, de mica, de corne, d'ébonite ou de tôle, etc.; l'autre bout W est réuni avec la vis S, par laquelle on peut tendre le fil à volonté. C est une spirale de fil qui entoure un tuyau de largeur suffisante pour que le fil de fer puisse résonner librement.

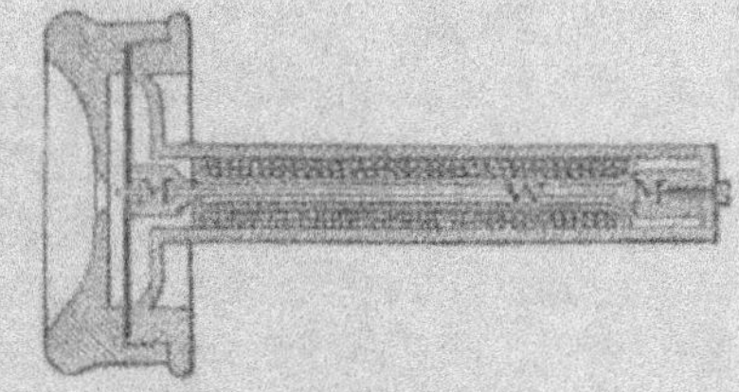

Fig. 68.

Le reste de la disposition est compréhensible par la figure. Si le courant, envoyé par le circuit dans la spirale C, est mis en ondulations ou vibrations, la barre magnétique change d'état et elle s'allonge ou se raccourcit alternativement; par suite la membrane T est mise en vibrations correspondantes à celles que les ondes sonores produisent dans l'air ambiant. Par la disposition dans la figure 67 les deux fils W, W, sont réunis à la membrane et ils se rencontrent dans la direction opposée sous un angle aigu. Dans la figure 68 les bouts du fil central sont réunis avec des masses magnétiques MM, pour produire une magnétisation plus forte. Dans la figure 69, la boîte est munie d'une anse commode pour accrocher l'appareil et d'une cavité qui sert à renforcer le son.

Finalement, il faut encore remarquer que l'on peut

aussi employer les courants thermiques pour la téléphonie. Un appareil de ce genre a été autrefois
construit par François Krœttlinger
à Vienne), qui en donne le principe
dans les lignes suivantes :

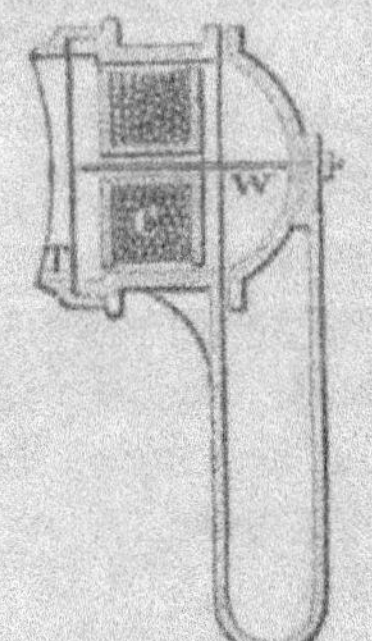

Un courant d'air chaud, circulant
de bas en haut, est plus au moins
détourné de sa direction par la voix
humaine, et excite une pile thermo-
électrique qui se trouve à côté, dont
les courants traversent un téléphone
acoustique.

Fig. 69.

Cet appareil est intéressant sous le
rapport physique, mais pratiquement il ne possède
aucune valeur.

CHAPITRE V

Le microphone.

Nous avons déjà fait remarquer dans le chapitre précédent, que, par l'intercalation d'un contact libre, et particulièrement d'un contact de charbon, dans le circuit d'un système téléphonique, on obtient une transformation parfaite des ondes sonores en courants électriques, et par suite, une transmission téléphonique particulière. Depuis l'année 1876, ce fait a été employé avec avantage par plusieurs inventeurs pour les usages de la téléphonie. Ce n'est qu'en 1878 que le professeur D. E. Hughes, Américain vivant à Londres, inventeur du télégraphe imprimeur, rassembla divers phénomènes déjà connus, et découvrit que certaines matières dissemblables (non homogènes) peuvent, par leur intercalation dans le circuit d'une batterie, transformer les vibrations sonores en courants ondulatoires électriques, et que l'on peut ainsi augmenter non seulement la force des sons et des paroles, mais même celle de bruits presque entièrement imperceptibles par eux-mêmes, de façon à ce qu'on puisse les entendre, même à une grande distance, en se servant d'un téléphone Bell intercalé dans le circuit.

Comme un appareil construit d'après ce système peut jouer, par rapport à l'ouïe, un rôle analogue à celui du microscope par rapport à la vue, Hughes a

donné le nom de *Microphone* à cet instrument auquel
on peut donner des formes innombrables et diverses de
constructions et de combinaisons.

Hughes fit présenter sa découverte le 9 mai 1878 à la
Société royale de Londres par le professeur Huxley, et
remit à la société de physique un rapport qui fut lu le
8 juin; dans ce rapport il désigne, comme principe essentiel de son microphone, la présence, dans un circuit,
d'un conducteur dont la résistance subit des variations
exactement conformes à celles des vibrations sonores;
en fait de matières propres à cet usage, Hughes indique
comme conducteurs, de la poudre, de la limaille, par
exemple, et des conducteurs de forme plate, soumis à
une pression de contact excessivement faible et qui doit
être réglée d'après la force du son qu'elles doivent
reproduire si l'on veut obtenir l'effet maximum. Tandis
que, sous une faible pression et par suite des cessa-
tions momentanées de contact qui se produisent par
l'effet des secousses et qui provoquent des interruptions de courant que l'on peut suivre sur les balancements de l'aiguille d'un galvanomètre intercalé dans
le circuit, les sons deviennent plus hauts et plus clairs,
sous une augmentation de la pression, le galvanomètre
reste tranquille jusqu'à ce que, la force de la pression
augmentant toujours, les sons redeviennent de nouveau faibles et finissent par cesser complétement. Du
reste, le microphone est plus applicable à la transmission des secousses mécaniques qui lui parviennent
directement qu'à une simple excitation des ondes de
l'air qui transmettent les sons à l'ouïe; aussi entend-on
beaucoup plus distinctement une tabatière à musique
où le tic-tac d'une montre placée directement sur une
partie de l'appareil, que si l'on approchait la tabatière
à musique ou la montre de l'instrument sans établir

de contact avec lui; même une mouche courant sur
l'appareil produit un bruit qui peut être entendu dans
un téléphone.

Hughes attribue principalement la cause de ces effets
à la formation de nombreux et nouveaux points de
contacts de l'électrode de charbon introduite dans le
circuit téléphonique[1] et cette théorie est opposée à celle
d'Édison, qui veut que l'action microphonique soit
basée sur des différences de pression[2]. D'autres électrotechniciens tels que Du Moncel et de Locht-Labye se
sont déclarés pour la théorie d'Édison[3]. D'après de
récentes recherches faites par Shalford Bidwel, on a de
bonnes raisons pour admettre que c'est la chaleur qui
se produit au passage du courant électrique entre les
points de contact imparfait qui change la résistance de
conductibilité des contacts. Le charbon entre ici en
opposition curieuse avec d'autres corps, car tandis que
la résistance du métal, par exemple, au passage du
courant électrique, augmente avec la température, celle
du charbon ou du verre diminue au contraire avec une
augmentation de chaleur.

Du reste, la résistance de conductibilité des microphones est très diverse; les uns ont 10, d'autres 25 et
plusieurs même 125 ohms. Les meilleurs instruments
transmetteurs microphoniques ont environ une résistance de 20 ohms.

On a essayé de déterminer par l'analyse mathéma-
tique la forme la plus avantageuse et la meilleure disposition à donner aux microphones sans arriver à un
résultat seulement à moitié satisfaisant. La théorie vou-

1. Ferrini, *Technologie de l'électricité et de magnétisme*, traduit de
l'italien de M. Schréter.
2. *Le Microphone*, Paris, 1882.
3. *La Téléphonie, sa théorie et ses applications*. Paris, 1880.

drait qu'un transmetteur à charbon ait une résistance de conductibilité aussi petite que possible, tandis que la pratique montre le contraire. En outre la théorie actuelle indique que la résistance de la spirale secondaire d'une bobine d'induction doit être pareille à la résistance du circuit dans lequel elle travaille, et la pratique prouve le contraire. Sur une ligne ayant 1800 ohms de résistance, on obtient d'après Henry Precce, les meilleurs résultats avec un fil secondaire n'ayant que 30 ohms de résistance. De tout ceci il résulte que le développement de la chaleur dans le microphone et l'induction propre (extra-courants) de la bobine d'induction sont des phénomènes très compliqués que nous ne connaissons pas encore suffisamment pour nous permettre d'exprimer leurs actions au moyen de formules mathématiques.

Comme nous l'avons fait remarquer plus haut, d'autres inventeurs ont élevé la prétention d'avoir construit des appareils téléphoniques d'après le principe découvert par Hughes, avant la publication de son invention. En dehors d'Édison, nous citerons ici le Dr Robert Lüdtge de Berlin et E. Berliner de Boston, ancien employé de l'*American Bell Telephonic Company*. Lüdtge obtint déjà le 12 janvier 1878 une patente impériale allemande pour son téléphone universel que nous étudierons plus tard de plus près ; cependant la partie de la description de sa patente qui prouve sa priorité, au moins dans un certain sens, peut trouver ici sa place.

Dans la description de la patente de Lüdtge, l'action du microphone est dépeinte comme suit d'une manière frappante :

« Si l'on établit dans le circuit d'une batterie un point d'interruption, par exemple, par une simple section du fil conducteur, et si l'on replace les points de section l'un contre l'autre, le courant se trouve naturellement de nouveau fermé : il se produit néanmoins à ce point de contact une résistance au passage du courant électrique, résistance qui diminue avec l'augmentation de la pression exercée sur la réunion des deux fils... Si l'on dispose un des bouts du fil coupé de façon à ce qu'il soit mis en vibration sonore par la parole ou par d'autres bruits, la pression de ce bout contre l'autre bout coupé variera suivant l'intensité et la forme de chacune des vibrations. La résistance au passage du courant à cet endroit est donc exactement influencée et déterminée dans sa grandeur par l'intensité, la forme et le nombre des vibrations sonores des surfaces du bout de fil qui résonne, et par conséquent aussi l'intensité du courant de la batterie qui se trouve dans le circuit... et un téléphone Bell, introduit dans le circuit, produira une action sonore correspondante à l'augmentation de l'intensité qui sera elle-même correspondante à l'amplitude des vibrations sonores. Dans l'appareil récepteur d'un téléphone Bell, on entendra toutes les vibrations qui se produiront sur la surface de la section au point d'interruption servant d'appareil transmetteur, et cela, avec toutes les finesses, puisqu'il ne se produit aucune fermeture ou ouverture de courant, mais simplement des croissances ou des décroissances d'intensité.

« Dans la construction d'un semblable appareil, les deux bouts du point d'interruption désignés jusqu'ici comme surfaces de section doivent être reliés ensemble de façon à ce que le circuit soit toujours fermé, mais leur réunion doit opposer une résistance sensible au passage du courant et varier aussitôt que l'un des deux bouts ou tous les deux entrent en vibrations sonores.

Leur réunion ne doit donc pas être trop intime, et permettre au moins aux vibrations sonores de l'un des bouts de se manifester d'une manière sensible. »

Parmi les dessins de l'appareil transmetteur qui accompagnent la description de la patente, le premier nous montre une petite feuille ronde et plate, de tôle, de fer ou de zinc, fixée sur une bague de bois, de verre argenté ou de matières semblables de 2 à 10 centimètres de diamètre et d'une épaisseur allant jusqu'à 1 millimètre réunie par un fil avec la batterie; contre cette plaque, et réunie avec l'autre pôle de la batterie et isolé du reste, on place une pointe métallique en communication légère avec cette feuille au moyen d'un pied de micromètre, et d'une vis micrométrique très fine, et par suite le circuit qui enferme le téléphone se trouve fermé. On y trouve encore la description de quelques modifications de cette disposition, qui toutes peuvent également servir de relais.

E. Berliner obtint, encore avant, le 16 octobre 1877, une patente américaine pour un appareil microphonique. Son appareil est décrit de la manière suivante :

Aux deux stations se trouvent deux bobines d'induction j et j' (figure 70); le circuit L, L', par lequel passent les courants d'induction, correspond avec la spirale secondaire de la bobine d'induction j', dont la spirale primaire est en relation avec l'appareil récepteur s et une batterie locale B. Le récepteur s, ainsi que le transmetteur s' se composent d'une membrane sonore à contact de charbon comme dans le téléphone à charbon d'Édison ; le point important gît dans l'emploi de la bobine d'induction pour l'augmentation des sons téléphoniques, ainsi que dans une construction semblable du récepteur et du transmetteur ; les charbons du récepteur s sont polarisés positivement et négative-

ment par la batterie B, et ceux du transmetteur *s'* par
la batterie B', et les réactions échangées entre les deux
spirales de la bobine d'induction *j'*, sous l'influence des
ondes de courant transportées par la bobine d'induction
j, provoquent des changements de différence de potentiel dans le circuit local, et une production de son d'autant plus forte, que ces changements proviennent des
augmentations ou des diminutions d'une charge électrique permanente. Berliner prouva que l'intensité des
ondes sonores ainsi reproduites se trouvait en rapport

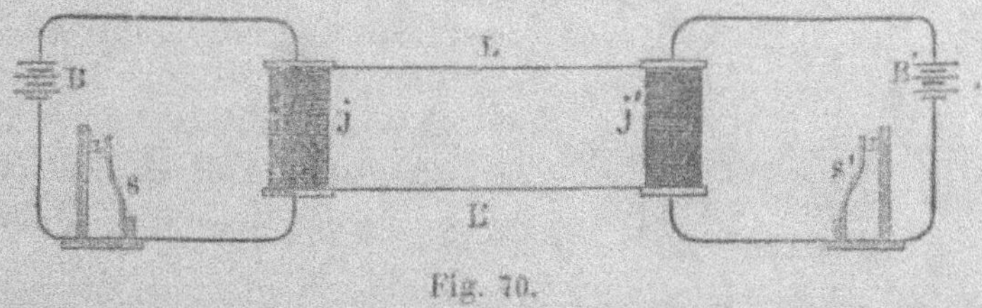

Fig. 70.

avec la force de la batterie locale B', et montra les
avantages de sa disposition, en faisant remarquer qu'une
armature polarisée est beaucoup plus sensible aux
actions électro-magnétiques, qu'une armature de fer
doux, et que par suite des charbons extra-polarisés
doivent subir à un degré correspondant plus élevé que
des charbons dans leur état naturel, les influences des
courants ondulatoires qui agissent sur eux. Il semble
que Berliner n'ajouta pas d'abord une grande importance à cette idée qui a été cependant le point de départ de nombreux perfectionnements dans le téléphone.
Cette disposition permit véritablement de transmettre
au loin des paroles, bien que l'action ne fût point d'une
énergie particulière.

Après ces observations, que nous avons voulu exprimer
ici pour rendre justice aux autres inventeurs d'appareils

microphoniques, nous revenons à l'invention du professeur Hughes qui, comme nous l'avons déjà dit, a le premier traité cette matière avec méthode, et précisé d'une manière exacte l'action micro-téléphonique.

Dans son rapport à la société de physique Hughes indiqua également les services nombreux que l'on pouvait retirer du microphone dans son usage à la médecine, la chirurgie et la science pure. Déjà alors il montra combien le microphone pouvait avoir d'importance dans l'opération de la pierre, en facilitant à l'opérateur la recherche des débris de pierre dans la vessie, ainsi que pour reconnaître la présence dans le corps humain de brisures d'os, de projectiles d'armes à feu et autres matières dangereuses.

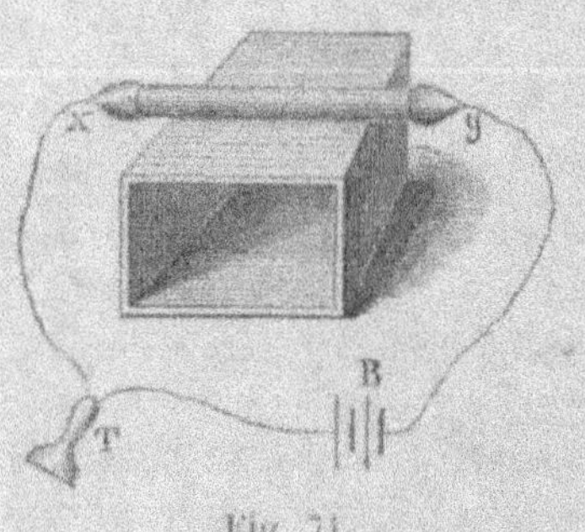

Fig. 71.

Comme démonstration de l'action microphonique Hughes donna, dans ce rapport, la description détaillée des expériences suivantes :

Un tube de verre, d'une longueur d'environ 8 centimètres, que l'on remplit de poudre de faux argent, est fermé à ses deux extrémités par des bouchons de charbons de cornue avec lesquels on relie les extrémités du circuit d'une batterie dans lequel un galvanomètre se trouve intercalé, de façon à ce que ces bouchons puissent facilement presser contre la poudre métallique, donne soit que l'on place, les mains sur les extrémités du tube, soit que l'on produise un éloignement ou une pression sur les bouchons, une forte déviation du galvanomètre.

Si on place ce tube sur une caisse sonore (figure 71) ouverte d'un côté et si l'on réunit les bouts du fil x et y avec un téléphone Bell T et une batterie de trois petits éléments Daniell B, on obtient ainsi un appareil téléphonique des plus simples, qui reproduira, dans le téléphone placé à distance, toutes les paroles prononcées dans la caisse.

Si au lieu d'un tube de verre on emploie du charbon à dessin préparé après l'avoir chauffé au blanc et éteint dans le mercure, on obtient les mêmes résultats ; on peut même employer, sous forme de crayon ou de poudre, et sous cette dernière forme en le mettant dans un tube, du charbon de bois trempé dans du chlorure de platine, ou même du charbon métallisé par le fer. Edison aurait déjà employé du charbon ainsi métallisé pour son téléphone à charbon.

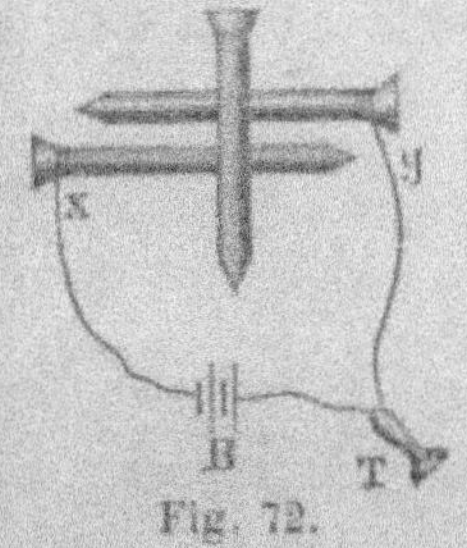

Fig. 72.

Ces phénomènes se produisent encore également avec un tube de verre renfermant des grains de plomb, aussi longtemps que le plomb conserve une surface métallique propre ; par contre l'action cesse aussitôt que le plomb se couvre d'oxyde.

Même avec des clous placés l'un sur l'autre (figure 72) et réunis par xy de la manière représentée figure 71 on peut réaliser l'action microphonique.

La disposition du microphone le plus sensible présenté par Hughes est représentée figure 73.

Un petit crayon de charbon de cornue A, de qualité semblable à celui que l'on emploie pour les lampes électriques, repose par ses deux bouts pointus sur les cavités de deux petits morceaux de charbon CC, qui sont fixés sur une caisse sonore verticale, pourvue d'une planche qui lui sert de pied. Au moyen de cet appareil, dont les charbons sont réunis par les fils x et y avec une batterie, et un récepteur téléphonique (téléphone Bell), on peut non seulement transmettre au loin des sons et des paroles d'une façon haute et distincte, mais même le plus léger attouchement de la caisse sonore; le frottement d'un pinceau de poils fins, par exemple, ou la marche d'un insecte sur la caisse.

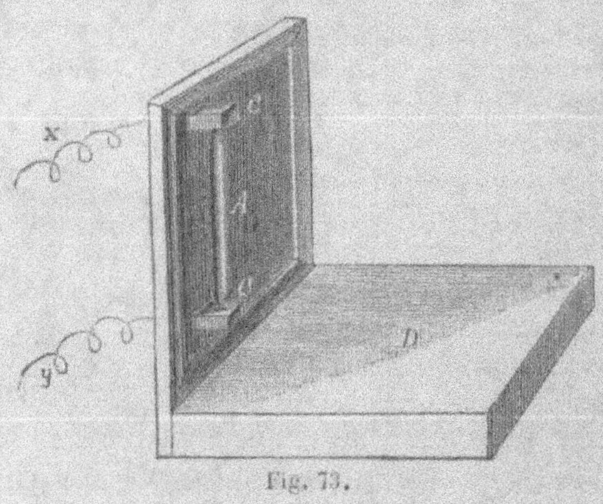

Fig. 73.

se reproduisent dans le téléphone sous forme de bruit très fort.

Pour faire rendre à l'appareil le maximum de son énergie, il est nécessaire d'ajuster le crayon de charbon, entre les supports de charbon, de façon à ce que le crayon ait une légère inclinaison et que ses pointes reposent sur le bord de la cavité pratiquée dans les supports; on trouve du reste facilement la position la meilleure, par des essais dans le téléphone, et cette position est celle qui donne la plus forte sonorité.

La figure 74 représente une autre disposition micro-

phonique avec batterie et téléphone, dans laquelle deux
pointes de charbons sont placées l'une contre l'autre
entre deux bornes de réglage. En place de l'élément
zinc-charbon représenté dans la figure (élément Leclanché), Hughes emploie trois petits éléments Daniell. Si
l'on pose une montre sur la caisse sonore de l'appareil,

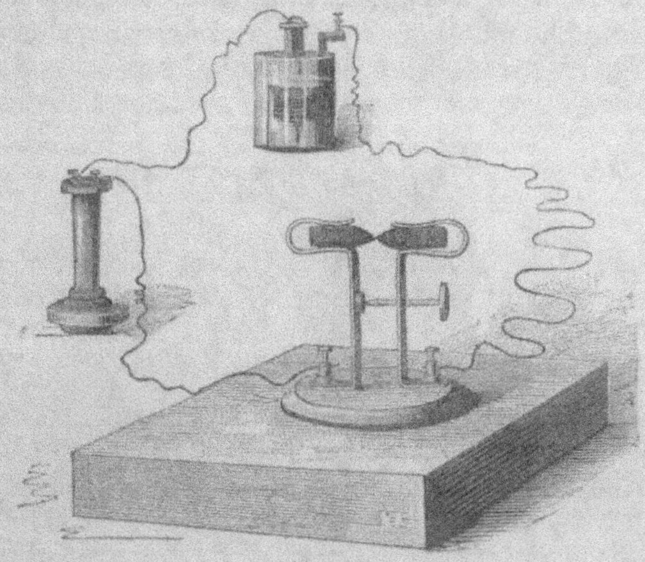

Fig. 74.

on peut entendre dans le téléphone le tic-tac de la
montre plus fort qu'il n'est réellement, et même il suffit
pour cela d'unir le téléphone avec un des fils conducteurs et d'approcher l'autre à une certaine distance.
Même si la distance entre les deux fils est d'un mètre,
on entend encore le tic-tac de la montre dans le téléphone, bien que le microphone et la montre en soient
bien éloignés. Plus l'on approche les fils l'un de l'autre
plus le bruit augmente, et finalement il devient plus
fort que celui de la montre elle-même.

Déjà avant la publication du microphone de Hughes — le docteur Robert Lüdtge, de Berlin, ainsi que nous l'avons dit plus haut, s'était fait breveter pour un instrument microphonique sous la dénomination de *Téléphone-universel*. Cet instrument a reçu dernièrement des perfectionnements suffisants pour qu'il réponde à toutes les demandes raisonnables du trafic téléphonique pour les lignes du gouvernement ou celles des particuliers. Les bruits étrangers, insupportables avec les autres téléphones, qui se produisent souvent

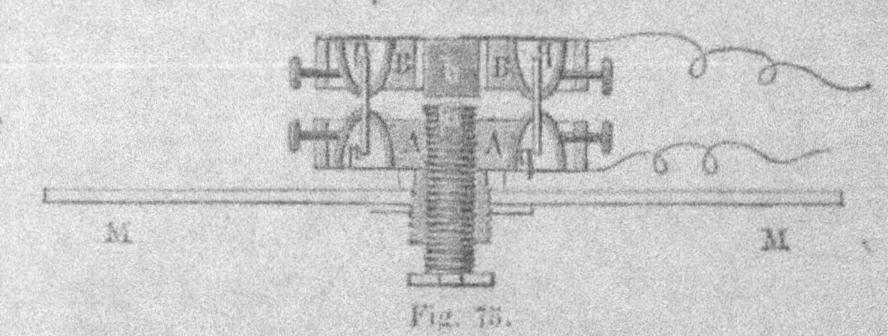

Fig. 75.

sous forme de crépitations ou de tremblements, se trouvent évités et le mot prononcé est reproduit à la station de réception d'une façon claire et si élevée, qu'il faut pour une ouïe normale, tenir le téléphone Bell qui sert de récepteur à une certaine distance de l'oreille, sans quoi l'élévation de son serait par trop sensible; par suite de sa puissance de reproduction, l'emploi du transmetteur de Lüdtge doit être recommandé à toutes les personnes qui ont une dureté d'ouïe. Cet instrument a été employé comme transmetteur microphonique entre Berlin et Magdebourg sur 500 kilom. de distance et s'est parfaitement comporté, car l'on a pu parler d'une manière absolument compréhensible; la diminution de sonorité était même si minime, que l'on pourrait sans doute l'employer sur de

bien plus longues distances. On n'a pas besoin de
signal d'appel particulier, car en plaçant aux deux stations un microphone de Lüdtge avec un téléphone Bell,
on peut produire un son pur, profond et pénétrant,
qui ressemble beaucoup au son de la corne que l'on
emploie dans les temps de brouillard.

La partie essentielle du téléphone universel de Lüdtge
consiste dans le mode de contact entre les deux corps
solides conducteurs de l'électricité; et notamment le
charbon, le fer ou le platine.

La figure 75 montre les parties principales de l'appareil vues de côté, la figure 76 vues par le haut et la
figure 77 donne le profil de
l'ensemble de l'instrument.
Les deux corps en contact
sont, dans la figure 75, désignés par *a* et *b*; l'un d'eux,

Fig. 76.

b, est plat à son point de contact; l'autre, *a*, est
arrondi en forme de boule. Les changements de
résistance de contact, que le courant subit à ce
point sous l'action de la parole, provoquent des
vibrations correspondantes dans le disque du téléphone récepteur et par suite la reproduction des
paroles prononcées dans le microphone. Caractéristique dans ce microphone est la réunion des deux
pièces de contact *a* et *b*, en un système avec la membrane M au centre de laquelle elles reposent, et qui
participent ainsi complètement toutes les deux aux
vibrations de la membrane.

Dans la figure 75, on voit que la pièce de contact, *a*,
est enchâssée dans un cadre en laiton A et la pièce
de contact, *b*, dans un cadre semblable B; A et B sont
réunis solidement ensemble par deux bandes de caoutchouc *p* et *q*; par suite les vibrations inutiles et pertur-

batrices de la membrane sonore qui produisent facilement des désagréments sous forme d'étincelles ou de craquement, sont mises hors d'état de nuire. Les deux bandes de caoutchouc p et q font que les vibrations partielles et caractéristiques des sons des paroles isolées se reproduisent bien, le caoutchouc étant connu comme appartenant aux corps qui opposent une forte résistance à la transmission des vibrations sonores.

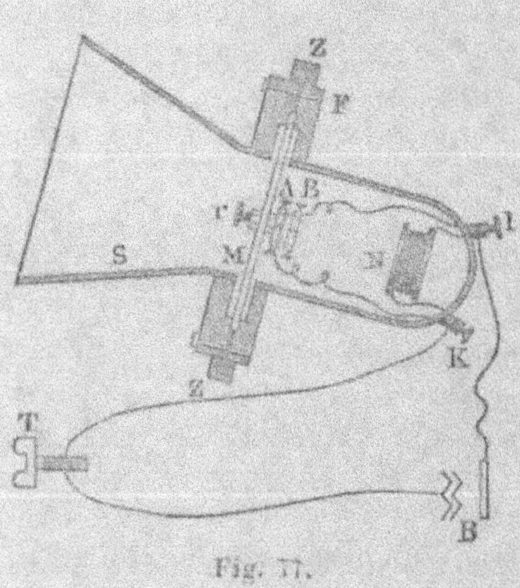

Fig. 77.

Par suite de cette résistance, les vibrations sonores sont retenues ensembles; elles arrivent d'abord complètes et sans être affaiblies, de la membrane sonore à la pièce de contact a, où elles sont forcées de traverser les bandes de caoutchouc p et q pour arriver à la deuxième pièce de contact b. Mais alors les vibrations sonores ont considérablement diminué d'intensité et sont pour ainsi dire anéanties; il en résulte des différences de vibrations sonores entre a et b, l'intimité de passage du courant des contacts éprouve des variations, ainsi que la résistance du passage du courant électrique, et l'appareil récepteur reproduit de préférence les vibrations partielles caractéristiques, sans trouble et très distinctement. Les petites vis V et W. (de la figure 76) servent à régler la pression des bandes de caoutchouc p et q entre elles, leur pouvoir d'amortissement, et par conséquent la sensibilité de l'appareil.

Dans la figure 77 nous voyons la disposition du circuit. S est une coupe sonore, M la membrane de bois, F son cadre, Z la traverse pour suspendre l'appareil à un pied, A et B les deux supports de contact; *r* est une vis qui règle grossièrement l'installation par le mouvement d'une des pièces de contact; N est une fermeture de côté, K et *l* sont des bornes pour le serrage des fils conducteurs, B est la batterie, T le téléphone récepteur. Le réglage délicat de l'instrument se fait en tournant l'appareil tout entier autour d'un axe horizontal sur la traverse. La sensibilité de l'appareil est si grande que le moindre changement de pression produit entre A et B par cette révolution, règle aussitôt le contact.

Le microphone Berliner, qui est construit par l'*American Bell téléphone company*, est représenté figure 78 dans sa position à moitié ouverte.

L'instrument est simple et compact et ne peut pas facilement se déranger. Sa particularité consiste dans la disposition des constacts de charbon. Un des charbons *a* de ce contact est fixé au centre de la membrane, tandis que l'autre charbon *b* est placé dans une capsule qui est portée par une bande de cuivre *c*, munie d'une charnière qui se trouve attachée à un bras *d* placé sur le côté de derrière de la boîte sonore *e*. Ce charbon disposé de cette manière est par conséquent mobile et son extrémité arrondie se place facilement sur le bout plat du premier charbon. Le bras mentionné plus haut a un double but; il supporte d'une part l'électrode de charbon mobile et de l'autre il sert à fixer la membrane sonore sur la partie de derrière de la boîte sonore de fer. La membrane sonore est couverte sur le bord avec de la gomme molle *g*, et séparée de la boîte sonore par une bague en carton. La boîte sonore de fer *c* est réunie par une charnière à un morceau de fonte *k*, fixé dans une boîte ronde; cette boîte contient la bobine d'induction *l*, et les bornes p^1, p^2, p^3, p^4, pour les fils de la ligne et la ligne de terre.

Devant la bobine d'induction se trouve rapportée une

Fig. 78.

plaque *i*, réunie avec le fil de la batterie; cette plaque porte un ressort *b*, dont le bout libre est armé d'une vis *v*; cette vis pousse avec sa tête contre un autre ressort *b'* qui est posé au centre de la membrane sonore et qui remplit autant le service d'amortisseur que celui de conducteur par lequel passe le courant pour se rendre à l'électrode de charbon *a* également placé sur le milieu de la membrane. Le courant de la batterie rentre par une des bornes *p'*, passe par le fil primaire de la bobine d'induction et par les deux ressorts *f* et *f'* dans l'électrode de charbon fixé sur la membrane et la boîte sonore, enfin par la charnière et se tourne par la borne p^2 à la batterie.

Par suite des oscillations de la membrane sonore excitées par la voix, le contact de l'électrode de charbon entre en vibration; ces vibrations de contact appellent dans le circuit de la spirale primaire des vibrations de courants correspondantes et, par suite des courants ondulatoires provenant de la batterie qui traversent la spirale, il se produit dans la spirale secondaire des courants ondulatoires d'induction qui se transmettent par la ligne au récepteur téléphonique.

Les autres dispositions téléphoniques réunis à ce transmetteur microphonique, tels que signal d'appel ou appareil de sonnerie, peuvent avoir la forme ordinaire. L'instrument fonctionne parfaitement bien avec tout téléphone ordinaire (récepteur) de bonne construction et par suite il est très répandu.

Si l'on emploie ce microphone pour de longues lignes, il faut que l'électrode de charbon mobile soit suffisamment lourde pour vaincre, par un contact plus intime, la résistance du circuit et augmenter les courants ondulatoires dans la spirale primaire.

Les bouts du fil secondaire de la bobine d'induction sont reliés par les deux bornes p', p^4, dont l'une est en communication avec la ligne comme dans les dispositions téléphoniques usuelles, et l'autre avec la terre.

L. de Locht-Labye a construit un microphone très commode et très sensible pour le service téléphonique; il désigne son système sous le nom de pantéléphone. Le pantéléphone n'est rien autre chose qu'un instrument transmetteur microphonique assez sensible pour être excité par des ondes sonores qui lui parviennent de très grandes distances (l'inventeur parle de plusieurs centaines de mètres). Dans la pratique téléphonique ce microphone reproduit dans le récepteur téléphonique d'une façon claire et distincte des paroles prononcées même à 20 mètres de lui. Le pantéléphone se compose essentiellement d'une grande plaque *dd*, mobile et suspendue (figure 79) en aluminium ou en tôle mince de fer ou de laiton, en mica, souvent même en liège, qui forme un carré de 10-15 centimètres de côté et qui, si elle est en métal, possède une épaisseur de 0,2 à 0,3 millimètres. En tous les cas, il faut que la plaque soit suffisamment raide et ne puisse se déformer par l'humidité ; celle-ci est suspendue, au moyen de deux feuilles de ressort d'acier très minces

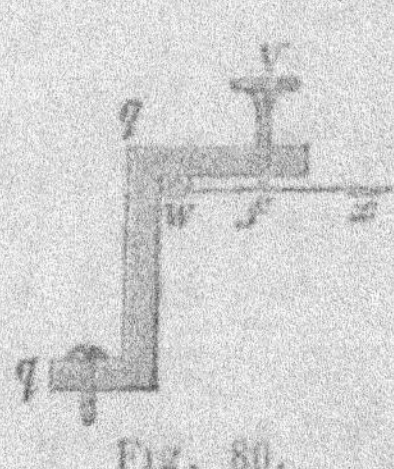

Fig. 79.

rr, à une baguette de métal *ss*, attachée à une planche *aa* bien rabotée et fixée dans la position verticale. Sur le milieu du côté inférieur de la plaque se trouve fixé un petit disque de charbon qui, dans la position verticale de la plaque est adossé contre une petite lamelle *x* d'argent ou platine (figure 80), fixée au bout d'une feuille de ressort *f*, courte et assez raide. Ce ressort est attaché au moyen de la vis *w* à un morceau de laiton angulaire *qq*. Récemment Locht-Labye a employé en place de ressort un fil de platine d'environ un millimètre de diamètre et 5 millimètres de longueur, dont la direction transversale est organisée de façon à être touché par le charbon.

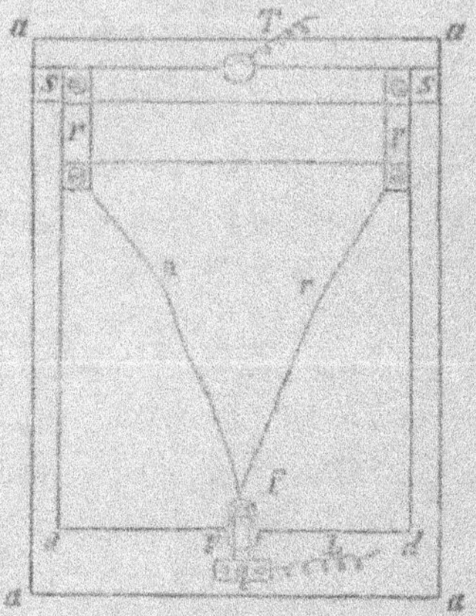

Fig. 80.

A l'aide de la vis *v*, le ressort *f* peut être mis en contact plus ou moins intime avec le charbon.

Le pantéléphone est intercalé dans le circuit d'une batterie galvanique de telle sorte que, par exemple, le courant entre dans le support *q* au point L, passe de là dans le ressort *f*, par le contact au point *x*, le charbon, et si la plaque est faite de matière non conductrice, par

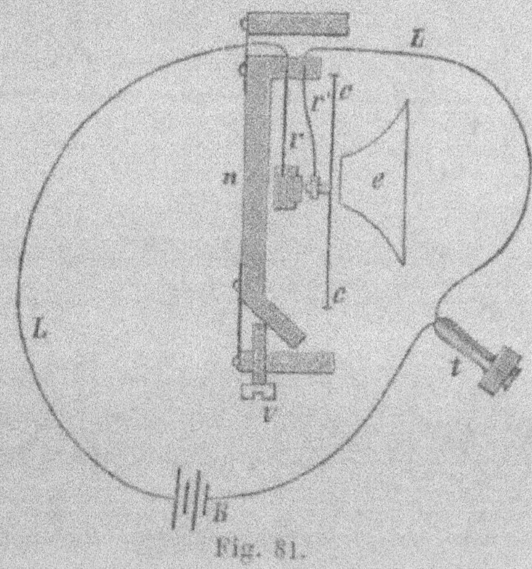

Fig. 81.

les fils *n*, les ressorts *r*, la baguette *ss*, et sorte au point T.

Nous reviendrons plus longuement sur le téléphone Locht, lorsque nous décrirons les installations téléphoniques.

Le microphone de Blake (figure 81), se compose de deux petits morceaux de charbon qui sont portés par deux ressorts *r* et *r'*, qui servent de conducteurs aux courants de la batterie B et qui sont pressés l'un contre l'autre par une légère pression. Les deux ressorts *rr'*, sont fixés à un morceau de métal mobile *n*, lequel,

à l'aide de la vis de réglage V, peut être soulevé ou
abaissé et en même temps tiré légèrement de côté, par

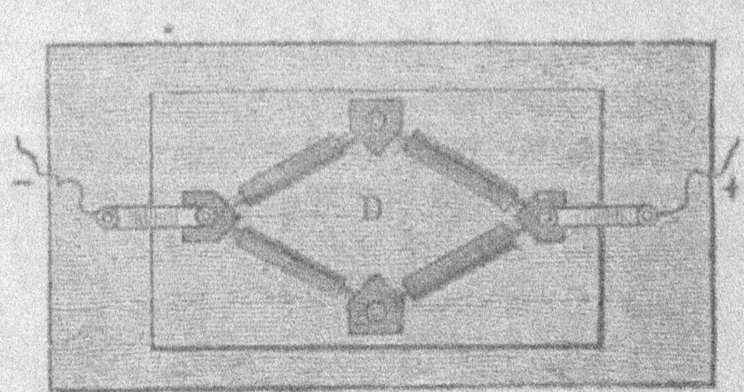

Fig. 82.

Fig. 83.

suite de la position de cette vis qui s'appuie contre une
surface oblique rapportée au point *a*; de cette manière

Fig. 84.

les morceaux de charbon sont mis en contact plus ou
moins intime avec la membrane *cc*, devant laquelle se
trouve l'embouchure *e*. L'organisation de ce microphone

est pareille en principe à celle des instruments Berliner.

Un appareil récepteur très sensible est le microphone de Crossley qui est représenté dans la figure 82-83, vu d'en bas et en coupe transversale. Cet instrument se compose d'une petite planche mince D en bois de sapin, qui se trouve au-dessous d'une coupure carrée pratiquée dans un fort cadre, qui forme le couvercle d'une caisse en forme de pupitre (figure 84) dans laquelle se trouve l'appareil.

Au-dessous de cette mince planche sonore se trouvent, en disposition rhomboïdale quatre crayons de charbon, dont les bouts, minces, et arrondis reposent, dans des creux pratiqués dans de petits blocs de charbon qui leur servent de support;

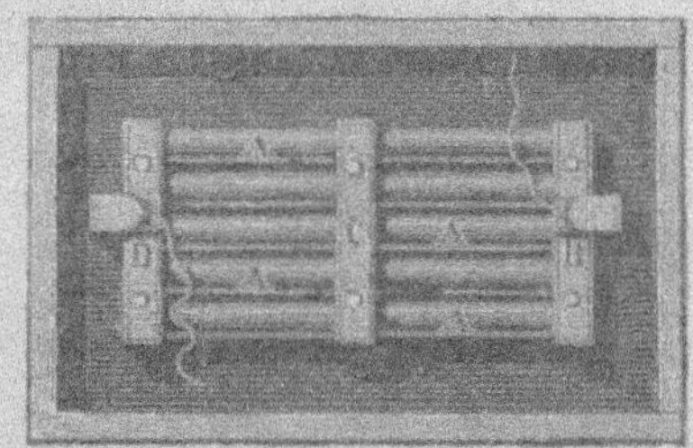

Fig. 85.

Fig. 86.

ces petits blocs de charbon sont fixés par de petites vis à la planche sonore. Ce carré de charbon ainsi composé est réuni par ses deux côtés avec le circuit. On dit que cet instrument a donné des résultats remarquables.

Le microphone d'Ader (fig. 85, 86) se compose de dix petits crayons de charbon AA disposés en deux rangées de cinq crayons chacune, qui sont portés par trois bandes transversales B, C, D, fixées sur le dessous du couvercle d'une caisse sonore. Le fond de la caisse est

fermé par une plaque épaisse de plomb P. Cette plaque
de plomb a été ajoutée lorsque l'instrument fut occasionnellement employé, pendant l'exposition d'électricité de Paris, à la transmission de la musique de l'O-
péra et se trouvait placé sur la scène; cette plaque
devait préserver l'appareil contre des secousses possibles.

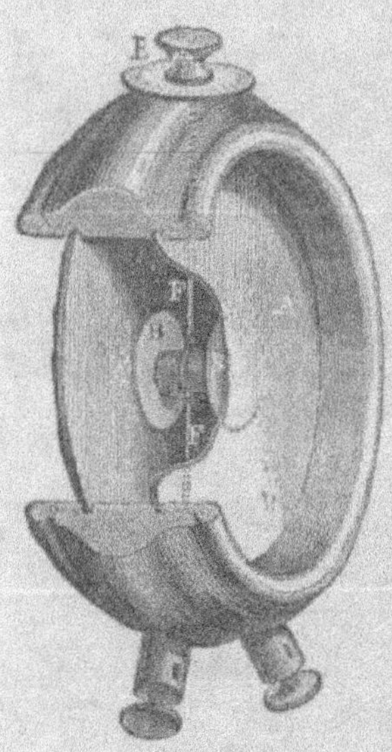

Fig. 87.

L'appareil désigné sous le nom
de microphone à torsion de Dunand (figure 87) est une forme
nouvelle qui paraît posséder
quelques avantages; il se compose de deux plaques AA', qui
sont fixées dans une bague en
bois, dont la position préserve
le système microphonique de
l'air et des poussières qui salis-
sent fréquemment les contacts
des microphones ordinaires.

Chacune de ces plaques (membranes sonores) porte à son centre un petit disque de charbon
BB'. Entre ces disques on serre
un petit morceau de charbon
ovale. Sur le centre de ce petit
morceau de charbon est enroulé un fil de laiton F,
lequel, tendu diamétralement sur la bague de bois,
est attaché par son bout inférieur avec cette bague
et par son bout supérieur avec le bouton E, que
l'on tourne en partie de cercle afin de donner au fil
un certain degré de torsion, et, par suite, régler la
sensibilité du microphone. Cet instrument peut transmettre en même temps dans le téléphone la parole
ou le chant de deux personnes, si l'une d'elles dirige

sa voix sur une des membranes sonores et l'autre sur l'autre membrane.

Lancaster, à Birmingham, construit des microphones qui portent avec eux leur batterie qui se compose d'une plaque de zinc et d'une plaque de charbon, séparées par du papier humide; la plaque de zinc repose sur une boîte en acajou, tandis que sur la plaque de charbon se trouve un crayon de charbon, qui s'adosse contre l'arête aiguë d'une deuxième plaque de charbon, qui porte un support de bois fixé sur la première plaque de charbon.

J. Houston et E. Thomson de Philadelphie ont employé le microphone avec succès comme relais pour le téléphone Bell, en adaptant sur sa plaque vibrante un microphone miniature. Celui-ci se compose en substance de trois morceaux de charbon qui sont placés dans le circuit d'une batterie et d'un récepteur téléphonique. Les vibrations des plaques suffisent à mettre le microphone en activité et par suite à laisser passer automatiquement les vibrations plus loin dans le circuit.

CHAPITRE VI

Installations téléphoniques.

C'est l'Amérique qui comprit la première l'avantage qu'il y avait pour les communications, à l'intérieur des villes, à remplacer le télégraphe électrique par le téléphone. Avec l'ardeur qui distingue l'Américain dans l'exécution des choses pratiques, on commença aussitôt à établir dans les plus grandes villes des stations provisoires qui permirent à leurs divers abonnés de pouvoir entrer à volonté ensemble en communication téléphonique. L'extension de ces installations fit de rapides progrès, mais il surgit en même temps une masse de difficultés qui provoquèrent aussitôt l'esprit d'invention des électrotechniciens.

Nous n'avons parlé dans les chapitres précédents que de ce qui a trait aux instruments téléphoniques; il nous reste maintenant à examiner les installations téléphoniques dans leur ensemble et les différents moyens auxiliaires, tels que : sonneries d'appels, appels, gyrotropes, et en particulier les circuits, dont la bonne disposition exerce la plus grande influence sur le résultat d'une installation téléphonique.

La combinaison du téléphone récepteur Bell avec le microphone comme transmetteur a permis d'établir un appareil propre à la conversation téléphonique à grande distance; par le mode d'enroulement des bobines d'induction des deux instruments, on a le moyen de les ajuster à chaque résistance, ainsi qu'à chaque longueur de circuit : ce n'est donc que l'imperfection des appareils, et non un obstacle de principe, qui barre la route à un échange de communications encore plus éloignées. Il n'a pas été possible jusqu'ici, et en général il ne doit guère être possible, de construire des instruments téléphoniques qui puissent fonctionner également bien sur toutes les lignes ; l'un est mieux disposé pour les longs circuits, l'autre pour les courts. La raison en consiste principalement dans la construction de la membrane de fer, dont le degré d'élasticité est ou trop raide pour des courants faibles, ou trop souple pour de forts courants, ce qui produit dans le premier cas des vibrations trop faibles pour la reproduction des ondes sonores, ou trop fortes dans le dernier, et porte dans les deux cas préjudice à la clarté de la reproduction des paroles, quand cela n'empêche pas complètement tout trafic téléphonique.

Si l'on réfléchit au grand nombre de vibrations qui composent un son, et si l'on considère que le caractère de ce son dépend du nombre des vibrations produites dans une unité de temps, de leur grandeur et de leur forme, et que pour la reproduction de sons semblables, la vitesse, l'étendue et la marche harmonique des vibrations doivent être nécessairement d'une correspondance rigoureuse, on peut se faire une idée de la précision de fonctionnement, et du soin avec lequel les instruments d'un système téléphonique, et surtout les parties destinées aux vibrations, doivent être construits pour fournir un service parfait.

Par un choix bien approprié de la membrane on peut facilement construire un téléphone parlant distinctement jusqu'à une certaine distance, mais il existe dans les lignes bien d'autres influences perturbatrices que l'on ne peut vaincre que difficilement et quelques-unes même pas du tout. En général, on peut admettre que pour avoir un parler sûr et distinct, comme il est nécessaire de l'avoir, on ne peut, avec les instruments dont on dispose aujourd'hui et d'après les expériences qui ont été faites, dépasser une distance de plus de 35 kilomètres. En employant des lignes souterraines, la communication téléphonique est encore plus difficile à obtenir avec une assurance satisfaisante, que par les lignes aériennes.

Si deux ou plusieurs fils téléphoniques courent l'un à côté de l'autre, on peut entendre dans chacun d'eux séparément ce qui se transmet par les autres, et si un fil téléphonique se trouve à côté d'un fil télégraphique, chaque courant transmis dans le dernier produira dans le fil du téléphone un courant qui se manifestera sous forme de bruits très désagréables. Ce fait est une des conséquences de l'induction et surtout de l'induction électrodynamique, bien que l'induction électrotastique entre également en jeu. Nous avons toutefois à nous entretenir d'abord d'une autre sorte de dérangement.

La conduite de l'électricité dans un fil long et fin, qui se trouve placé dans un milieu qui n'est point complètement isolé, subit les mêmes lois que la conduite de la chaleur. Ce mode de transmission est spécialement caractérisé par ceci, que le développement (l'amplitude) du courant ondulatoire diminue avec la longueur du fil, tandis que les phases de l'onde (les longueurs d'onde) augmentent, et que par suite la vitesse dans la transmission se ralentit progressivement. L'onde électrique finit par devenir si faible qu'elle ne peut exciter le téléphone le plus sensible. Le retard des ondes électriques sur une ligne dépend du nombre

de leurs vibrations ainsi que de l'élévation du son, et
dans cet ordre d'idées les sons élevés, qui comportent
un grand nombre de vibrations, éprouvent plus de retard
que les sons bas, qui n'en possèdent qu'un nombre
relativement petit. Il résulte de ceci que les différents
sons simples, dont l'ensemble caractérise une sonorité
d'un certain ordre, n'arrivent plus à l'extrémité du fil
à se produire simultanément, mais bien par fractions
séparées, ce qui change la nuance sonore et nuit en
même temps à l'articulation des paroles. Une bonne
isolation réagit en partie contre cet inconvénient, et
comme l'air sec isole beaucoup mieux que la gutta-
percha, les lignes aériennes sont, pour les communications téléphoniques, préférables aux lignes souterraines ou sous-marines, et, par suite, les premières
peuvent agir avec plus d'efficacité sur de plus grandes
distances.

Bien plus perturbatrice est l'action de l'induction,
qui, comme nous l'avons dit, se présente sous la forme
statique ou dynamique. L'action de la première peut
se comparer au chargement d'une bouteille de Leyde,
si l'on se représente le fil conducteur comme disposition intérieure et le milieu isolé qui l'entoure comme
disposition extérieure. On peut complètement supprimer cette action, si l'on entoure chaque fil isolé avec
une enveloppe métallique conductrice, par exemple
avec une feuille d'étain. Ce fil ainsi entouré est complètement protégé contre l'influence des actions électriques extérieures. Ce moyen est employé pour les
câbles transatlantiques et pour les lignes télégraphiques et téléphoniques souterraines.

Pour supprimer l'induction électrodynamique, on emploie comme récepteur des bobines d'induction très
puissantes; mais ce moyen est très coûteux et fort

incommode. Il vaut beaucoup mieux employer des conducteurs métalliques sur tout le circuit et supprimer la terre comme conduite de retour. Ce moyen est employé d'habitude pour les lignes souterraines, comme, par exemple, dans le réseau téléphonique de Paris, qui comporte toujours deux fils isolés l'un de l'autre, dont 'un sert comme ligne d'aller, l'autre comme ligne de retour et qui sont enroulés à la façon d'une corde. Pour de petites distances, comme il s'en présente dans les communications urbaines, il faut absolument employer la double ligne, car dans ces conditions la conduite par la terre apporterait du trouble dans le fonctionnement des appareils, parce que la résistance du circuit est en rapport avec la résistance que le courant rencontre dans son passage par la terre. Pour de plus grandes distances ces dérangements sont moins sensibles.

On parle beaucoup des dangers qui peuvent résulter de la foudre sur les lignes téléphoniques. Sous ce rapport, les déclarations faites par la direction des postes de l'empire allemand à la société d'assurances contre l'incendie de Magdebourg peuvent nous rassurer. Dans cette communication il est dit : « que jusqu'à ce jour il n'est arrivé à la connaissance de l'administration aucun cas faisant mention qu'il y ait eu danger ou même apparence de danger provenant de la foudre, pour les maisons qui supportent les fils téléphoniques, ou les maisons voisines, soit par les fils, soit par les poteaux en fer qui les soutiennent; que si ces données ne se rapportent, il est vrai, en ce qui concerne la téléphonie, qu'à une expérience de quelques années, il en existe par contre d'autres d'une durée plus longue dans la télégraphie. Tout les fils sont posés dans les mêmes conditions; et il n'est point non plus de ce côté parvenu à l'administration des postes aucun rapport qui puisse faire craindre à un danger quelconque du côté de la foudre pour les maisons sur lesquelles passent les fils télégraphiques ou pour les maisons voisines. Toutefois l'administration veillera à ce que tous les fils téléphoniques soient pourvus de distance en distance de conducteurs placés en terre, afin de faciliter la décharge de l'électricité atmosphérique qui pourrait s'accumuler sur les fils, et par suite de ces dispositions, les maisons sur lesquelles passent les lignes téléphoniques se trouveront mieux protégées contre les accidents pouvant provenir de la foudre, que si ces maisons ne servaient pas à une installation de ce genre. »

Quant à ce qui concerne les appareils de sonnerie et d'appel employés dans les installations téléphoniques, nous dirons ce qui suit :

L'adjonction d'une sonnerie électrique avec son circuit propre, comme celles qui ont été choisies pour les installations téléphoniques de l'administration télégraphique allemande, doit être prise en considération autant sous le rapport du prix d'achat et de l'entretien des batteries galvaniques, que sous celui de l'inconvénient qui résulte de leur surveillance ; sans compter qu'il faut en outre soit établir une ligne spéciale, soit employer un gyrotrope, pour mettre en action selon le besoin la sonnette ou le téléphone. Comme installation remplissant ce but, le professeur C. Zetsche recommande certains inducteurs magnétiques dont il donne la description[1].

La sonnerie d'appel de W. C. Fein de Stuttgart se compose d'une cloche en acier en forme de coupe, qui se trouve entre les pôles, munis de bobines, d'un

---

[1]. *Dingler's Polyt. Journal*, vol. CCXXVII, page 441.

aimant en fer à cheval, dont elle forme l'armature, sans
cependant le toucher. Par suite des vibrations produites
par les battements de la cloche, il se produit, dans les
bobines de l'électro-aimant, des courants d'induction,
qui transmettent à la membrane de fer d'un téléphone
en communication avec elle des vibrations semblables,
et la font si bien résonner, que le signal donné peut
même s'entendre dans une chambre voisine.

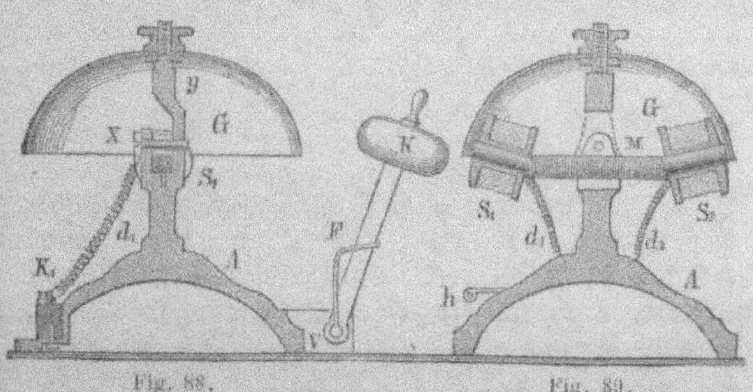

Fig. 88.   Fig. 89.

La sonnerie d'appel du professeur A. Weinhold de
Chemnitz est pareille en principe. La figure 88-89 montre
qu'elle se compose d'une cloche en acier G, qui a 13 à
14 centimètres de diamètre et qui peut donner environ
420 vibrations. Cette cloche est fixée sur un support
en métal A, après lequel se trouve un marteau en bois
K tournant autour de V. Lorsqu'après avoir abaissé le
marteau avec la main, on vient à le lâcher, il frappe
fortement contre la cloche G, par suite du ressort F, et
produit dans la cloche des vibrations très vives. Dans
l'intérieur de la cloche se trouve un aimant puissant M,
légèrement courbé, muni de deux plaques polaires en
fer qui sont placées diamétralement sur deux points

tout près de la cloche. Les pôles de l'aimant sont munis de bobines d'induction S^1 S^2, réunies entre elles et avec les deux bornes K^1 K^2 (fig. 90), qui servent à attacher les fils conducteurs L^1 L^2. Les téléphones dont on se sert avec cet appel portent un résonnateur conique en fer-blanc attaché sur l'embouchure H (de la fig. 91) dont l'accord doit être au moins d'un demi-ton avec le ton de la cloche d'appel. Sonnerie et téléphone sont intercalés sans autre, l'un derrière l'autre, dans la même ligne : comme ligne de retour on emploie la terre à une distance quelconque

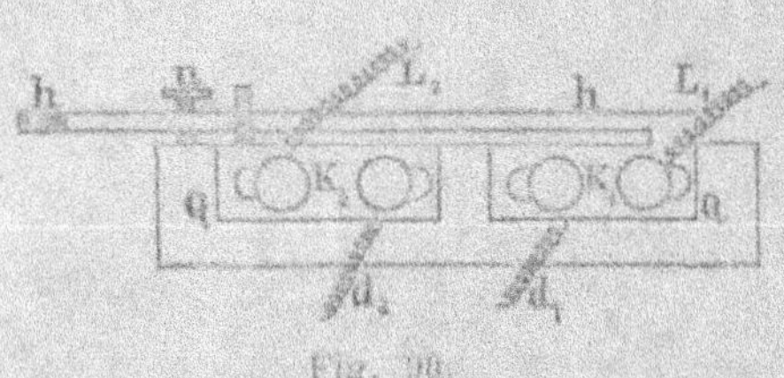

Fig. 90.

de la ligne; quant au conducteur de déviation vers la terre, le mieux est d'employer une conduite d'eau ou de gaz, ou un paratonnerre bien établi.

Pour éviter, dans la sonnerie, l'emploi d'un commutateur dont

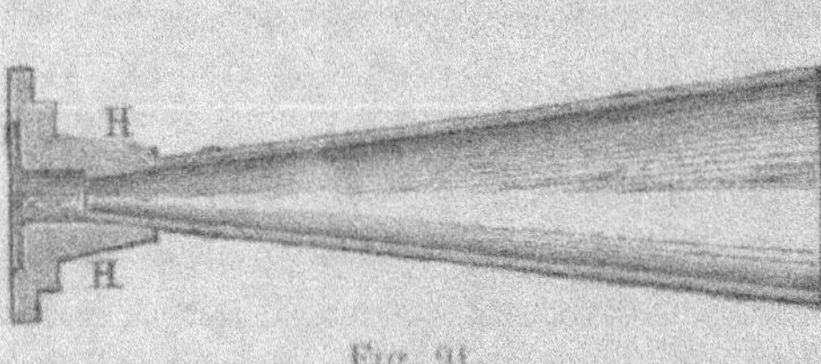

Fig. 91.

l'effet ne saurait offrir toute garantie, R. Schubert de Breslau a muni d'un interrupteur l'inducteur employé pour le microphone; la pression exercée sur un contact qui se trouve sur l'appareil envoie le courant de la batterie destiné au microphone sur une deuxième ligne, et il se produit, par suite, des changements de courant qui reproduisent dans le téléphone de l'autre station, d'une manière élevée, le son de l'interrupteur. Même pour de longues distances, il n'est pas besoin dans ce mode d'organisation d'augmenter la force de la batterie.

La figure 92 donne le dessin théorique de cette disposition. Lorsque, pour appeler, on presse au moyen du ressort de contact P sur les bandes de métal ab qui se trouvent au-dessous l'une à côté de l'autre, le courant de la batterie B prend le chemin du pôle cuivre K par la spirale primaire de l'inducteur I vers S, de là par l'interrupteur u vers a et par P vers le pôle zinc Z. Les courants d'induction qui se produisent ne font point retentir le téléphone à proprement parler, puisque la petite feuille b est reliée avec la borne k^1, ainsi que a avec k^2 et qu'il se forme

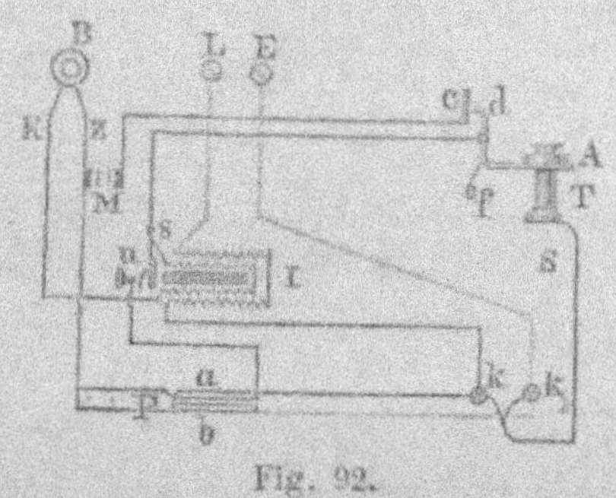

Fig. 92.

un court circuit entre la conduite I et la terre E.

Lorsque l'appel est terminé, on enlève au moyen du fil de conduite S le téléphone T qui se trouve accroché au point A entre k^1 k^2, c'est-à-dire entre L et E, et on dirige le courant de la batterie B sur le microphone M. Le courant va de A par la spirale primaire vers S, de là vers d et c et retourne par le microphone M au point Z. Le contact entre c et d est établi par le ressort f, lorsqu'on enlève le téléphone.

Tout l'appareil est facile à surveiller, car on n'a à s'occuper que de deux dispositions de contact, et l'on peut facilement suivre la marche du commutateur.

Dans les installations téléphoniques des villes, les différentes lignes du réseau téléphonique aboutissent à

un bureau central, où les employés, sur la demande
d'un abonné, établissent la communication téléphonique
entre lui et l'autre abonné avec lequel il demande à
converser. Cette communication se fait au moyen d'un
commutateur dont le principe est représenté (fig. 93).

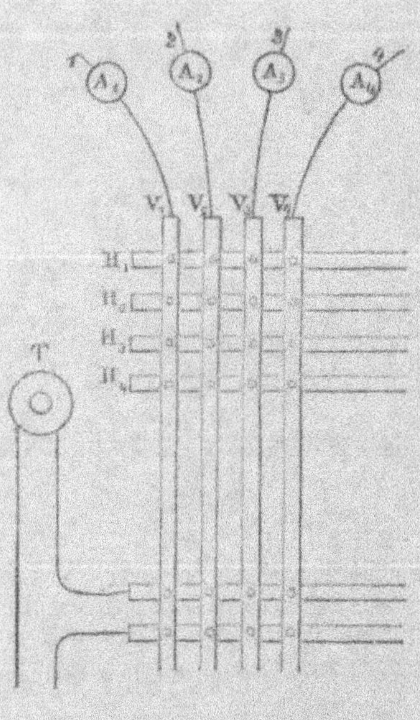

Fig. 93.

Les lignes reliées
avec les abonnés 1, 2,
3, 4, sont, après avoir
traversé les avertis-
seurs A¹, A², A³, A⁴, réunies avec les lamelles
de cuivre verticales, V¹,
V², V³, V⁴,... qui sont
fixées sur un plateau de
bois. Derrière ces la-
melles se trouvent d'au-
tres lamelles horizon-
tales de cuivre H¹, H², H³,
H⁴,... qui sont isolées
des premières.

On peut donc réunir
une lamelle verticale
quelconque avec une
lamelle horizontale, au
moyen d'une cheville en
métal ou *jack-knife*
comme on les nomme en Amérique. A cet effet, on
introduit la cheville au point de croisement des lamelles
dans le trou qui passe par les deux lamelles et, par
suite, le courant se trouve fermé. Pour mettre deux
abonnés en communication, par exemple 1 et 3, il suffit
de mettre en communication les deux lamelles verticales V¹, V³, au moyen d'une des lamelles horizontales H¹, H², H³, etc., qui ne soit point en service,

A l'état ordinaire, toutes les lamelles verticales sont réunies avec la terre ou avec la ligne de retour par une lamelle horizontale destinée à cet usage. Une autre lamelle horizontale spéciale se trouve en communication avec le téléphone T et permet à l'employé de la station centrale de se mettre en communication avec un abonné quelconque pour les besoins du service.

La première figure du livre représente le bureau téléphonique du *Merchant's telephone exchange*, à New-York, l'une des stations es plus importantes de cette ville. L'on y voit ceux que l'on appelle *Switchmen* occupés à établir les communications entre les abonnés et les différentes autres stations téléphoniques; cette gravure donne à peu près l'aspect de l'activité qui règne dans un établissement de ce genre.

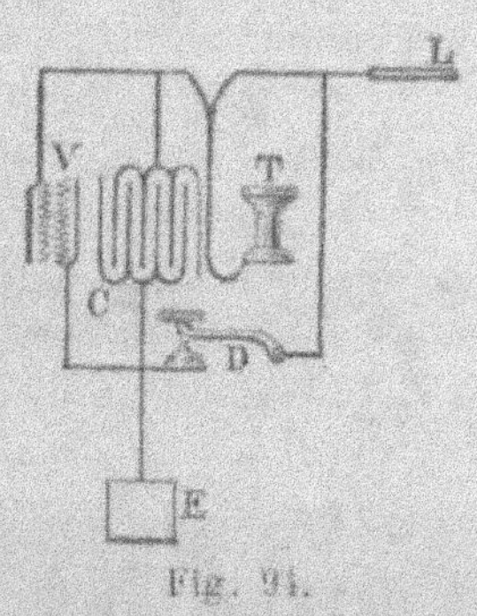

Fig. 91.

Pour n'avoir besoin, dans les installations téléphoniques privées, que d'une batterie à la station centrale, et simplifier ainsi l'appareil commutateur de la station voisine, R. Schubert a inventé une disposition au moyen de laquelle, dans chaque station voisine, le circuit L, qui part de la station principale, passe par le téléphone T, et se réunit d'un côté avec le condensateur C et de l'autre avec la terre E; le circuit L peut encore, en baissant le manipulateur, être réuni immédiatement avec la terre E. Enfin on ajoute un paratonnerre V.

A la station centrale, chaque conducteur qui vient de la station voisine est placé sur un électro-aimant à clapet

qui tombe sur la bande verticale d'un commutateur à
bandes semblables à la figure 93 ; à l'état de repos toutes
les bandes verticales sont réunies par des chevilles avec
la première bande horizontale, de laquelle part un fil qui
passe par un réveil électrique et la batterie d'appel, et
se rend vers la terre. Ainsi, si l'on presse à une station
voisine quelconque sur le manipulateur, le réveil sonne
à la station principale, puisque la batterie se trouve fermée, et le clapet appartenant à cette station tombe. Pour
y répondre, l'on pose à la station principale la cheville
correspondante de la première bande dans la deuxième
bande horizontale et, par suite, le circuit de la station
voisine qui vient d'appeler, s'établit sur un téléphone
par la spirale secondaire d'un inducteur qui est conduit
en terre, après quoi l'on répond à l'appel en pressant
sur le manipulateur qui correspond à la première bande.
La pression exercée sur le manipulateur ferme la batterie en court circuit par la spirale primaire de l'inducteur qui est muni d'un interrupteur automatique, et
les changements des courants d'induction font résonner
le téléphone T de la station voisine qui a appelé, et qui
peut alors indiquer, à la station principale, la station
avec laquelle elle demande la communication. Cette
communication entre les deux stations voisines est alors
établie à l'aide de deux bandes horizontales du commutateur, et un téléphone se trouve en même temps intercalé entre ces deux bandes horizontales dans le circuit,
par lequel, au moyen d'une trompette, on avertit la
station principale lorsque la conversation est terminée.
A la station principale, le levier du manipulateur effleure
à son état de repos des pointes de platine et forme ainsi
un court circuit de dérivation pour la bobine secondaire
d'induction. Le système téléphonique du docteur Herz,
que les figures 95 et 96 représentent théoriquement, est

intéressant par sa construction et son action remarquable pour les grandes distances.

Dans ce système l'instrument transmetteur se compose d'une plaque *bb* qui oscille sur son centre autour d'un axe *aa* et qui est réunie d'un côté par une petite équerre *d* avec la membrane sonore *cc*. Un porte-voix est fixé

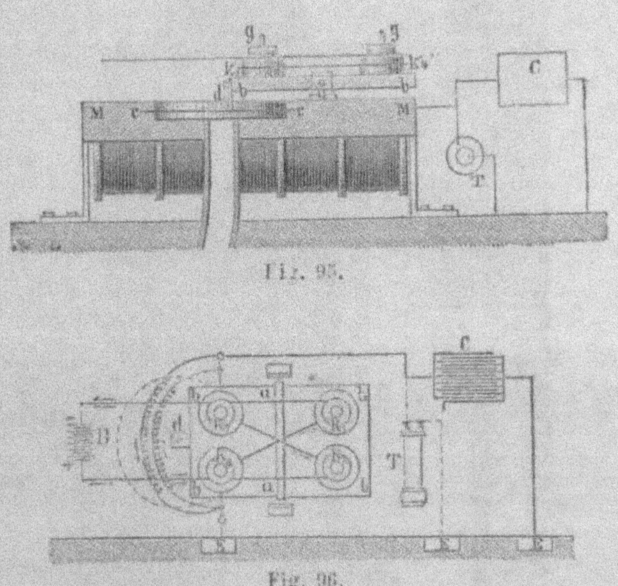

Fig. 95.

Fig. 96.

dessus la membrane. Les ondes sonores qui agissent sur la membrane, produisent des vibrations auxquelles le disque *b* prend part en oscillant autour de l'axe *aa*, et par suite il s'élève (fig. 95) et s'abaisse alternativement des deux côtés. Sur la plaque (fig. 96) sont fixées quatre paires de pastilles de charbon microphoniques K^1, K^2, K^3, K^4, dont celles de dessous sont attachées avec la plaque, tandis que celles de dessus reposent librement sur celles du bas et y sont maintenues par de petits poids en plomb *g*. Les pastilles du dessous sont réunies en croix au-dessus de l'axe d'oscillation, celles de dessus le sont parallèlement, et en outre les pastilles du dessus de gauche sont réunies avec la batterie B, et, par les

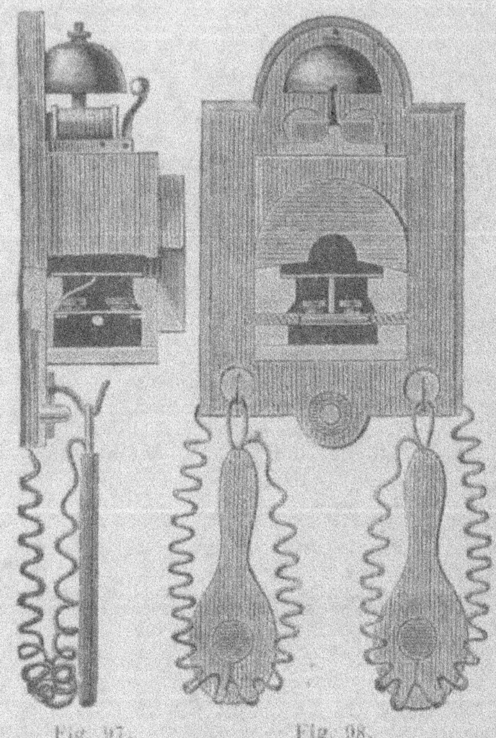

Fig. 97. Fig. 98.

pastilles correspondantes du dessous, avec la spirale primaire de la bobine d'induction I, tandis que la spirale secondaire de cette bobine est en communication avec la ligne et le téléphone récepteur T.

Lorsque la plaque microphonique *b* oscille sous l'influence des vibrations de la membrane *cc*, excitées

par la voix, la pression entre les pastilles de charbon,
qui se trouvent des deux côtés de l'axe *aa*, est tantôt
faible, tantôt forte. Par suite de la communication croisée
et parallèle qui existe entre les pastilles de charbon, il
se produit toujours dans le circuit du courant secondaire,
et immédiatement l'un derrière l'autre, deux courants de
direction pareille qui viennent augmenter l'action des
courants ondulatoires sur le téléphone.

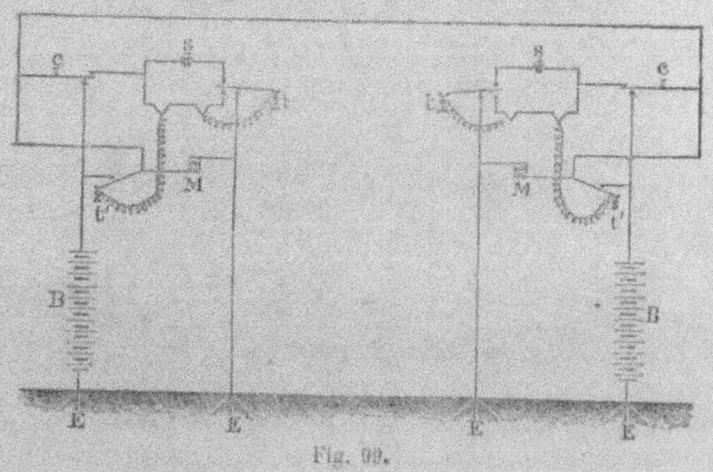

Fig. 99.

Les figures 97 et 98 représentent l'appareil complet
et montrent les deux principes que le docteur Herz
emploie dans son système téléphonique : changement
du courant dans le circuit et emploi d'un condensateur
comme récepteur. Le diaphragme est horizontal et réuni
avec les quatre contacts microphoniques dont nous
avons parlé plus haut ; ces contacts communiquent, en
outre des bobines d'induction, directement avec la ligne
et la batterie, dont on règle la force suivant la distance
entre les deux stations. L'appareil reproduit même les

paroles qui sont prononcées à 50 centimètres de distance de l'embouchure. Si l'on veut réduire à son minimum le nombre des éléments d'une batterie pour de grandes distances, on emploie la bobine d'induction. Les deux

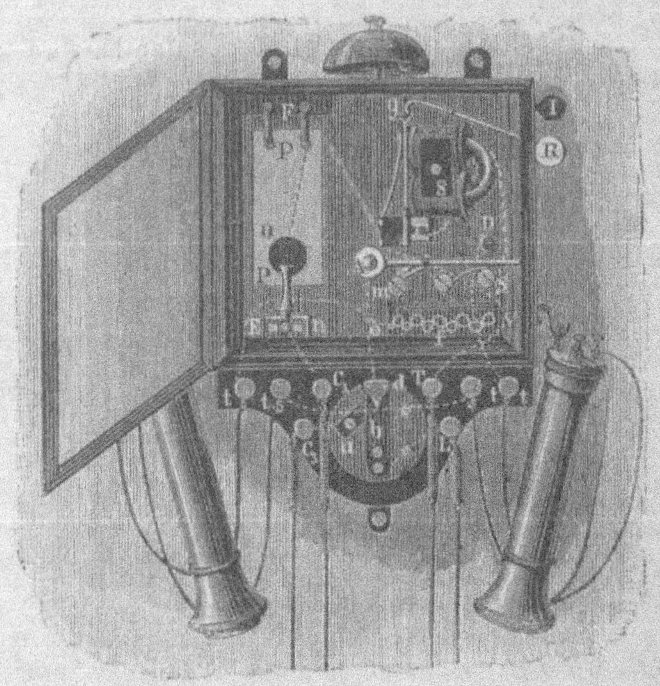

Fig. 100.

téléphones récepteurs, qui sont faits comme des condensateurs, se trouvent suspendus à l'appareil.

La figure 99 nous donne le diagramme d'une installation téléphonique du système Herz.

Lorsque les deux récepteurs sont suspendus à l'appareil, on peut, de l'une des stations, appeler l'autre station en touchant le bouton e. Lorsque la station appelée a répondu, on descend les téléphones T. T′ de leurs crochets. Par suite les extrémités de derrière des leviers s'abaissent, établissent le contact, et la conversation peut commencer entre les deux instruments. Admettons d'abord que ce soit la station à droite dans la figure 99 qui parle ; le courant de la batterie B passe par le contact qui a pris naissance par suite de l'enlèvement du téléphone et se partage en deux parties, dont l'une suit le circuit tandis que l'autre va vers le microphone M et se perd ensuite dans la terre. Les changements de conductibilité, qui sont produits par le microphone dans le circuit de dérivation M t, amènent des changements de courant dans la ligne principale dont la résistance est constante.

Dans le récepteur de l'autre station, le courant passe de la ligne dans le téléphone t au point c, puis dans la terre par le contact inférieur que le levier a établi au point t.

Ce système téléphonique réunit donc trois principes destinés à faciliter la communication dans les diverses circonstances difficiles : 1° l'emploi d'un condensateur comme récepteur ; 2° de courants alternatifs dans le circuit du transmetteur ; 3° d'un système de courants de dérivation.

Un appareil téléphonique très complet est celui de Locht-Labye (figure 100). Nous avons déjà parlé du microphone formé par une plaque vibrante avec laquelle il est réuni. L'inventeur a donné à son instrument le nom de *Pantéléphone*, pour exprimer que l'on peut avec lui transmettre toutes sortes de sons et de bruits forts ou faibles.

Si l'on ouvre la porte de l'appareil, composée d'une étoffe perméable de drap ou de tulle, l'on aperçoit, suspendue au moyen des deux ressorts vv, légèrement élastiques, la plaque de liège P, très mince, mais relativement grande et sur la partie inférieure de laquelle est collée une pastille de charbon o. Cette pastille se trouve réunie au point n avec un petit levier, à charnière mobile, dont l'extrémité supérieure porte un petit bout de platine qui, suivant le réglage du levier, forme un contact plus ou moins fort avec la pastille de charbon o. De l'extrémité inférieure du levier part un fil qui se rend au bouton C', tandis que du charbon o il en part un semblable qui passe derrière la plaque de liège au point F et se rend de là dans une bobine d'induction I vers l'appareil destiné à augmenter le courant; cette bobine, dont les spirales sont en communication avec le bouton T, se trouve placée au bas de l'appareil. Des boutons C¹ et T part un circuit qui traverse une petite batterie de quatre éléments Leclanché ou Meidinger pour se rendre à la deuxième station, où se trouve intercalé un téléphone Bell.

Parle-t-on contre la plaque de liège P; celle-ci entre, par suite de sa légèreté et de sa suspension élastique, en vibrations correspondantes et relativement considérables, même si l'on parle bas et à une distance de 5 à 10 mètres; ces vibrations se transmettent sous forme de courants ondulatoires dans le téléphone qui les transforme à son tour en ondes sonores analogues. Chaque appareil transmetteur est muni de deux téléphones, pour pouvoir entendre avec les deux oreilles en même temps, ce qui facilite beaucoup l'audition. Au point S se trouve la sonnerie électro-magnétique. Lorsque le téléphone qui est à droite se trouve accroché au levier A, la sonnerie électrique est intercalée par un ressort dans le circuit et le microphone en sort. Si dans cette position on presse sur le bouton b, la sonnerie de l'autre station marche. On reconnaît, à la sta-

tion du départ, s'il se trouve à la deuxième station
quelqu'un prêt à communiquer, lorsque le petit écusson
e tombe du disque W. On détache alors les téléphones
de leurs crochets, ce qui produit un changement qui
enlève la sonnerie électrique du circuit pour y introduire la disposition téléphonique.

La figure 101 représente la disposition la plus simple
d'une installation téléphonique du système de Locht. Si

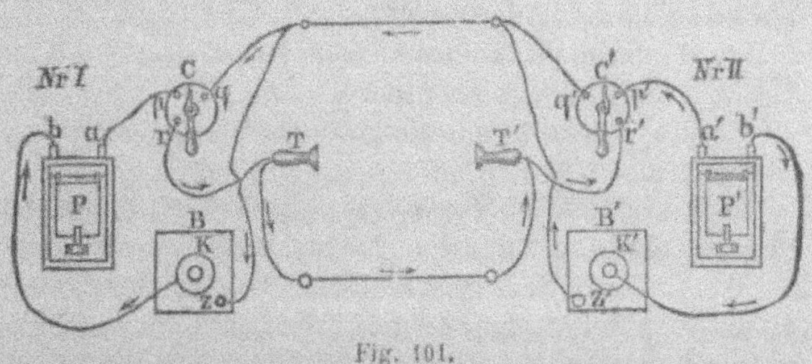

Fig. 101.

les deux stations sont à peu de distance l'une de l'autre,
on emploie comme conduite de retour un fil spécial;
mais si les stations sont éloignées, la terre peut servir
au retour du courant.

A chaque station se trouve comme récepteurs un ou
plusieurs téléphones TT', un commutateur CC', un pantéléphone PP' comme transmetteur, et une batterie
galvanique BB' composée d'éléments Leclanché ou
Meidinger. Si à la station n° I le commutateur est placé
sur le contact *p*, le courant de la batterie passe par
l'appareil téléphonique. Si le correspondant n° I appelle
ou siffle dans le pantéléphone, le téléphone acoustique
T' à la station n° II répète ce signal assez fort, pour
qu'on l'entende de loin. Au lieu de faire passer le cou-

rant de la batterie dans les bobines des téléphones, il est préférable, pour de longues distances, de ne faire traverser la ligne téléphonique que par des courants d'induction produits par l'intercalation d'une bobine d'induction spéciale, dans la spirale primaire de laquelle on envoie le courant d'une batterie locale. Si dans ce cas le courant de la batterie est trop fort pour le pantéléphone, on peut l'affaiblir par l'intercalation de résistances et n'employer la totalité du courant que pour donner les signaux d'appel.

Dans l'emploi du téléphone pour le trafic des grandes villes, l'Amérique, comme nous l'avons déjà fait remarquer, nous a devancés avec son esprit entreprenant et énergique.

En Europe, c'est Paris qui possède le plus grand réseau téléphonique. Toutes les lignes sont placées dans les égouts. Les fils qui réunissent les appareils des abonnés avec les stations centrales, comme ceux qui unissent ces stations entre elles, sont assemblés en un câble entouré de plomb et suspendu sous la voûte des conduites d'égout. Chacun de ces câbles contient 14 fils isolés l'un de l'autre, qui forment 7 doubles circuits; chaque câble a 18 millimètres de diamètre. La longueur moyenne du circuit entre un bureau et un abonné est de 1,146 mètres; 170 lignes de secours réunissent ensemble les 11 bureaux.

Le prix de l'abonnement à Paris est de 600 fr. par an pour une ligne, de 1,100 fr. pour deux lignes, et de 500 fr. par ligne pour trois ou plusieurs lignes inscrites sous le nom du même abonné. Pour ce prix, la Société générale des Téléphones installe la ligne, fournit et pose l'appareil, soigne son entretien, et donne à tout moment les communications demandées.

Les abonnés et les bureaux étaient munis dans l'origine d'appareils Gower, de transmetteurs du système Blak avec récepteurs Bell, ou de transmetteurs Edison avec récepteurs Phelps. La Société a bientôt supprimé les deux premiers, car leur emploi dans un grand réseau offrait divers inconvénients, et elle a adopté un type unique. Actuellement les postes des abonnés sont tous munis de transmetteurs et de récepteurs du système Ader.

Les bureaux de quartier comprennent une rangée de tableaux qui contiennent chacun 25 numéros, nommés indicateurs, munis chacun d'un couvercle mobile et qui correspondent avec autant de lignes d'abonnés. Lorsqu'un abonné presse sur le bouton d'appel de son appareil, le couvercle de son numéro tombe au bureau central qui est en rapport avec lui, et l'employé sait ainsi qui a appelé; il demande alors à l'abonné le nom de la personne avec laquelle celui-ci désire entrer en communication, et, à l'aide de deux bouchons réunis par un fil conducteur, il établit la communication entre les deux abonnés, remet de nouveau le couvercle sur le numéro et attend.

Une sonnerie venant du premier abonné informe l'employé que la conversation est terminée. Ce système est très simple et permet à 103 jeunes filles de fournir, de huit heures du matin à sept heures du soir, près de 20,000 communications en comptant par chaque abonné une moyenne de 8 communications par jour.

Le service de nuit se fait avec 35 hommes qui ont à faire environ 1,000 communications. Chaque matin on essaie au bureau central les fils et appareils des abonnés qui n'ont point d'eux-mêmes donné un appel. Des inspecteurs et des ouvriers se tiennent au bureau central afin de pouvoir faire immédiatement toutes les réparations nécessaires.

Des réclamations fondées sont relativement rares, surtout si l'on prend en considération le grand nombre des communications échangées chaque jour.

188 INSTALLATIONS TÉLÉPHONIQUES

tral afin de pouvoir faire immédiatement toutes les réparations nécessaires.

Des réclamations fondées sont relativement rares,

CHAPITRE VII

Radiophonie.

Sous le nom de radiophonie on comprend la transmission et la reproduction des ondes sonores par voie téléphonique, au moyen des rayons lumineux. Cette action est basée sur les changements de capacité et de conductibilité électrique qu'éprouve le sélénium selon l'intensité de la lumière à laquelle il est exposé.

C'est le 27 août 1880 que le professeur Graham Bel. présenta à Boston à l'*American Association for the Advancement of Science*, un rapport sur les résultats des expériences faites par lui et son ami Summer Fainter sur l'emploi du sélénium dans la téléphonie. Ce rapport peut se résumer ainsi :

On sait depuis longtemps, que du sélénium fondu et vivement refroidi est non conducteur de l'électricité, et prend une couleur vitreuse d'un brun foncé. Mais si l'on refroidit lentement le sélénium après l'avoir fondu, il prend une apparence métallique mate, couleur de plomb, et une structure cristalline; il devient en outre opaque, et, à la température ordinaire, conducteur de l'électricité. Sa résistance au courant électrique augmente toujours dans son passage de l'état solide à l'état liquide, et exposé à la lumière du soleil, le sélénium perd rapidement sa capacité conductrice.

Par suite des nombreuses recherches faites par divers

expérimentateurs, on a reconnu que la résistance du sélénium contre le courant électrique varie considérablement suivant les différences de la lumière qui le frappent, et en particulier W. Siemens a découvert que certains séléniums, sensibles aux influences de la lumière et de la chaleur, se conduisent tout à fait différemment par rapport au courant électrique, et que certaines plaques de sélénium ne donnent souvent, sous l'action de la lumière, que le cinquième de la résistance qu'elles possédaient dans l'obscurité.

Au lieu de se servir comme les autres chercheurs d'un galvanomètre, Bell, dans ses expériences sur le sélénium, employa un téléphone à l'aide duquel il put se rendre compte par l'ouïe de ces phénomènes, qui suivent les mêmes lois que celles qui régissent l'induction. Par une série de changements rapides de lumière et d'obscurité, il se produit dans le sélénium des changements correspondants de conductibilité électrique, et l'on peut au moyen du téléphone comparer le nombre de ces changements dans l'unité de temps au nombre des vibrations de sons musicaux perceptibles par l'oreille. En outre il se présentait un fait, particulièrement favorable et observé par Bell, c'est que, même des courants électriques assez faibles, pour ne produire dans le téléphone, par une simple interruption ou fermeture du circuit, aucun son susceptible d'être entendu, font naître, par une suite rapide d'interruptions sur le sélénium, des sons parfaitement distincts, et que l'on peut d'autant mieux entendre qu'ils sont d'un degré plus élevé.

Bell chercha alors à téléphoner au moyen d'un faisceau de rayons lumineux parallèles. Il disposa à cet effet un appareil, dans lequel l'action de la voix produisait dans le faisceau des rayons lumineux des changements d'intensité correspondant aux ondes produites par la voix dans l'air ambiant.

Bell et Fainter eurent d'abord à se préoccuper de préparer des plaques de sélénium sensibles, pour former ce que l'on appelle la pile au sélénium ou batterie au sélénium, afin de pouvoir utiliser la particularité du sélénium dont nous avons parlé; ce premier travail, en raison de la très grande résistance que le sélénium oppose au passage du courant, n'était pas sans difficultés.

Pour diminuer cette résistance autant qu'il est possible, on ne peut employer le sélénium que sous la forme de petites feuilles, pour ainsi dire de peaux, extrêmement minces, car l'action du téléphone réuni à l'appareil radiophonique se trouve dérangée par des courants trop forts en tous cas, il était nécessaire; que la résistance de la pile au sélénium, qui atteint sa plus grande force dans l'obscurité, ne dépassât pas 300 ohms, et que sous l'action d'une lumière intensive elle pût diminuer de moitié.

Les premiers essais qui furent tentés pour la solution de ce problème, et qui consistaient à appliquer entre deux plaques de platine ou de fer une mince pellicule de sélénium pour faciliter le passage du courant électrique, ne donnèrent aucun résultat, le sélénium n'ayant pu être mis en contact suffisant avec les surfaces métalliques. Bell et Fainter pensèrent enfin au laiton, lequel, bien qu'il se produise du cuivre sélénié par action chimique, constitue une matière particulièrement propice à cet usage, précisément à cause de cette action chimique, qui produit le contact intime dont on a besoin.

Voici comment on prépare une pile au sélénium : On forme une colonne, avec des petits disques de laiton, et des disques de mica un peu plus petits, placés entre, de sorte qu'autour de chaque disque de laiton il reste libre une fente très étroite en forme de bague. On frotte alors une plaquette de sélénium sur une table de verre chaud, de façon à ce que la table de verre se couvre d'une pellicule de sélénium, et sur cette pellicule de sélénium on roule, après l'avoir chauffée, la colonne préparée comme nous l'avons dit plus haut, en s'arrangeant de façon à ce que le sélénium vienne garnir les fentes qui ont été ménagées dans cette colonne. Le cylindre refroidi lentement est alors posé horizontalement,

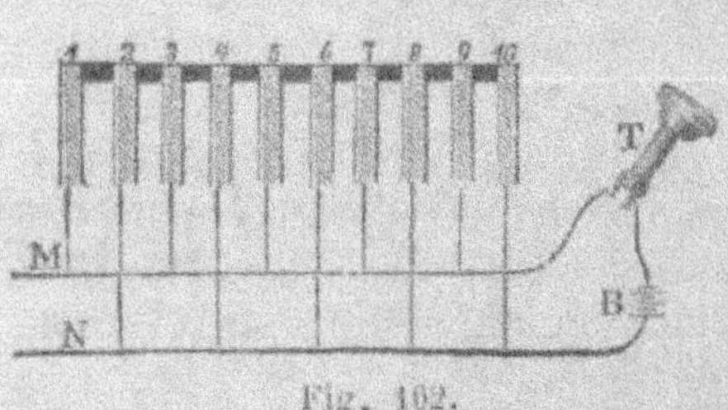

Fig. 102.

et les disques de laiton sont réunis alternativement au moyen de fils avec la ligne téléphonique. La pile au sélénium ainsi construite est représentée par la figure 102 vue sur sa longueur. Les parties marquées de traits représentent la coupe transversale des disques de laiton, les parties claires qui se trouvent entre, les petites plaques de mica qui les isolent, et les parties noires, le sélénium.

En outre, Bell et Fainter ont construit, comme suit, un appareil plat au sélénium pour un rayon cylindrique de lumière. On prend deux disques de cuivre, dont l'un est muni d'une quantité de bouchons, l'autre de trous correspondants, de sorte qu'en posant l'un sur l'autre les deux disques qui sont fixés au moyen de vis, les bouchons de l'un entrent dans les trous de l'autre, sans les remplir entièrement : Les disques mêmes sont isolés l'un de l'autre par une plaque de mica, sauf un rebord étroit sur chaque disque qui est alors rempli de sélé-

nium, par le moyen indiqué plus haut pour la colonne;
comme les disques sont un peu plus forts sur le bord
que vers le milieu, il en résulte que la couche de sélénium qui se place, est plus mince sur le bout des disques, et que par suite la résistance au courant électrique
se trouve diminuée à cet endroit.

Une autre disposition de l'élément au sélénium a été
inventée par Mercadier; elle est représentée dans la
figure 103 moitié grandeur naturelle en coupe transversale. Cette installation est commode et économique.

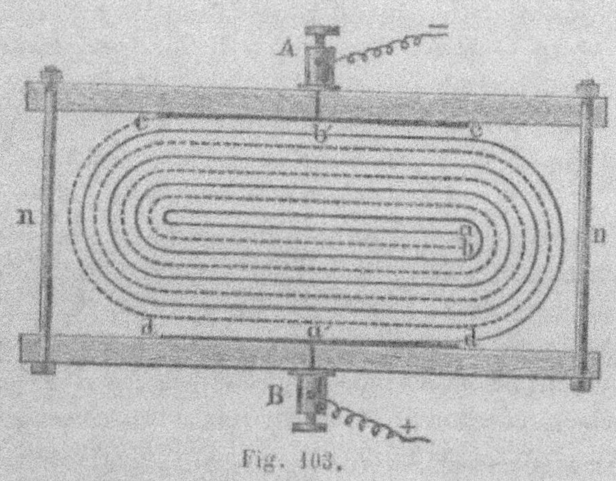

Fig. 103.

On prend deux bandes de laiton *a* et *b* d'à peu près
1 millimètre d'épaisseur et 1 centimètre de largeur;
elles sont roulées ensemble et séparées par deux
bandes de parchemin placées entre. Pour faciliter la
lecture du dessin, l'une des bandes de laiton se trouve
figurée par une ligne pleine et l'autre par des raies qui
se suivent. Le bloc ainsi préparé est placé entre deux
plaques de laiton *c* et *d* qui sont réunies avec les
extrémités des deux bandes de laiton aux points *a'* et

b' et le tout est serré entre deux petites planches de bois dur qui sont tenues ensemble par des boulons *n n*. L'élément est intercalé dans le circuit au moyen des deux bornes A et B, qui se trouvent en communication métallique avec les plaques *c* et *d*.

Lorsque ceci est fait, et que l'on a au moyen du galvanomètre constaté l'absence de toute communication métallique on recouvre de sélénium la surface polie des bandes de laiton en opérant de la manière suivante :

L'appareil est chauffé sur un bain de sable ou sur une plaque de cuivre au-dessous de laquelle se trouve un brûleur Bunsen, jusqu'à ce qu'une pointe de sélénium placée dessus commence à fondre. La pointe de sélénium est alors conduite sur les surfaces de côté de cette bobine de laiton, de façon à ce qu'elles se couvrent d'une couche de sélénium aussi mince que possible. Si la température est maintenue au point exact, le sélénium prend une couleur ardoise, qui est le signe caractéristique de son maximum de sensibilité pour la lumière.

Lorsque cette couverture est faite et que l'appareil est refroidi, on peut l'employer aussitôt. Pour préserver la surface inférieure contre les détériorations, on la recouvre d'une plaque de verre de Moscovie, ou d'une légère couche de vernis blanc à la gomme-laque appliquée à chaud. Si l'appareil vient à être endommagé, il faut limer la surface, la polir et la couvrir à nouveau de sélénium. La résistance de ces éléments varie beaucoup suivant leurs dimensions, la nature du sélénium, leur mode de construction, et encore par suite de beaucoup d'autres circonstances.

Cet élément au sélénium convient aussi bien pour les appareils radiophoniques et photophoniques que pour les expériences nombreuses au moyen desquelles

on peut observer les qualités propres et électriques de
ce métal peu étudié jusqu'à ce jour. Pour obtenir de
bons résultats, il faut une batterie d'environ dix éléments Leclanché en tension, et employer des téléphones
de forte résistance, c'est-à-dire ceux dont les bobines
se composent d'un grand nombre de spires de fil fin.

On pourrait également dans les expériences radiophoniques se servir de lumière polarisée influencée par
des actions électriques ou magnétiques, ainsi que le
représente la figure 104.

Le microphone M, qui sert de transmetteur, est
placé dans un circuit
avec une batterie P et
un électro-aimant B. La
lumière provenant
d'une source lumineuse
F est projetée à travers
une lentille L sur un
prisme R de Nicol, pour

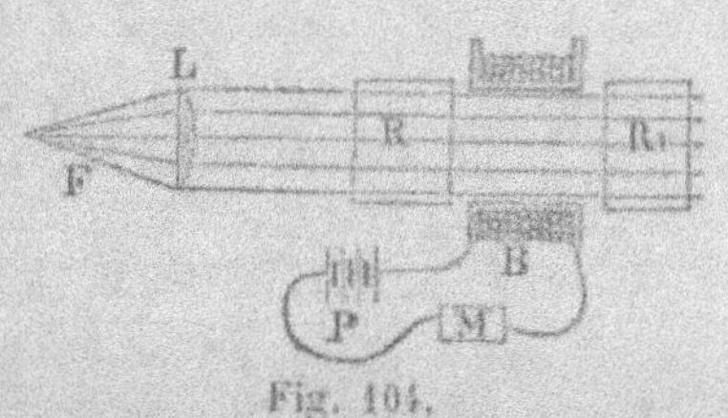

Fig. 104.

se rendre de là vers l'analyseur R'. La partie des rayons
placés entre R et R' entoure les pôles de l'électro-aimant B. Lorsque sous l'action de la parole, le microphone M transformera, au point B, en vibrations, la force
du courant, le champ de polarisation se tournera plus
ou moins, et il en disparaîtra une quantité conforme
et plus ou moins grande des rayons R; ceci aura
une influence sur la pile au sélénium et déterminera dans le téléphone une action qui le portera à résonner.

Le mieux et le plus simple est d'employer un miroir
plane, de matière flexible, par exemple de mica argenté
ou de verre mince, en faisant agir la voix de la personne
qui parle, sur le côté de derrière de la glace, afin de mettre la lumière qui est rejetée de la glace en vibrations

qui correspondent avec les vibrations mêmes du diaphragme.

Si l'on veut reproduire les sons à une certaine distance il faut employer une source lumineuse énergique. Bell et Fainter ont surtout expérimenté avec la lumière du soleil, en concentrant celle-ci au moyen de lentilles sur le miroir-diaphragme, la réunissant de nouveau parallèlement après sa réflection au moyen de secondes lentilles, et en la recueillant au point de réception sur un miroir parabolique, au foyer duquel se trouvait la

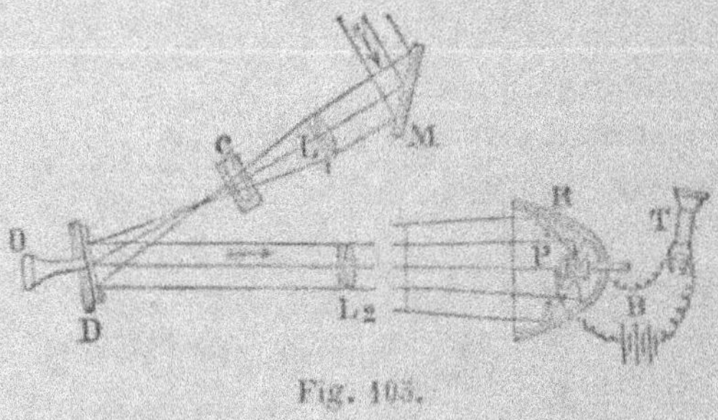

Fig. 105.

pile au sélénium intercalée dans un circuit avec une batterie et un téléphone.

La figure 105 représente cet appareil, qui est désigné par Bell sous le nom de *Photophone*. Les rayons lumineux sont recueillis sur le miroir plan M et réfléchis par lui sur la lentille L¹, qui les condense sur le miroir diaphragme D, après leur passage à travers une solution de sulfate d'alumine, contenue dans une petite boîte en verre C, destinée à absorber les rayons calorifiques qui ne sont pas lumineux. Le miroir D est muni par derrière d'une embouchure O dans laquelle on parle, ce qui met le miroir en des vibrations qui produisent des oscillations correspondantes dans la lumière réfléchie par la glace. Les rayons de lumière

affectés sont transmis de la glace D. par la lentille
de diffusion L' sur le miroir parabolique P, au foyer
duquel se trouve la pile au sélénium, qui transforme
les oscillations de l'intensité lumineuse en vibrations
de force de courant, et produit par suite des ondes
sonores dans le téléphone T.

Bell et Fainter ont fait des expériences au moyen de
cet appareil, à Washington, entre deux maisons éloignées l'une de l'autre d'environ 213 mètres. Ils ont
trouvé que la reproduction de la parole était possible
avec la lumière du gaz et même avec celle d'une lampe
à pétrole. Ils obtinrent la reproduction la plus forte par
de rapides interruptions de la lumière au moyen d'une
plaque percée de trous, et tournant sans bruit, tout
en produisant dans le téléphone des sons musicaux,
bien qu'il ne se produisit aucun son au point D,
(fig. 105). Mais si l'on veut produire des actions au loin,
il faut placer devant la plaque tournante un écran
opaque, que l'on peut à volonté, au moyen d'un levier,
interposer devant le rayon lumineux; en faisant mouvoir l'écran avec la main, on peut alors produire au
loin des signes musicaux correspondants aux lignes et
aux points d'un appareil télégraphique Morse. L'on ne
peut pourtant pas étouffer les sons, même avec un
écran en caoutchouc durci, mais cet effet se produit si
l'on y ajoute l'interposition de la main, et si on arrête
ainsi le passage des rayons invisibles. Ce procédé télégraphique est désigné sous le nom de Téléradiophonie.

La figure 106 représente un appareil un peu plus
grand et légèrement modifié, dans lequel les parties
correspondantes de la figure précédente sont désignées
par les mêmes lettres : dans la direction du faisceau
lumineux P il faut se figurer le miroir parabolique et
le téléphone.

Au mois d'août 1880, Graham Bell fit quelques expériences très intéressantes. Il observa entre autres que des disques minces ou diaphragmes de différents corps peuvent résonner lorsqu'on les expose à l'action intermittente, c'est-à-dire ondulatoire, d'un rayon de soleil. Bell essaya d'expliquer ce phénomène en disant qu'il se produit dans les substances qui composent le diaphragme des perturbations moléculaires qui font naître

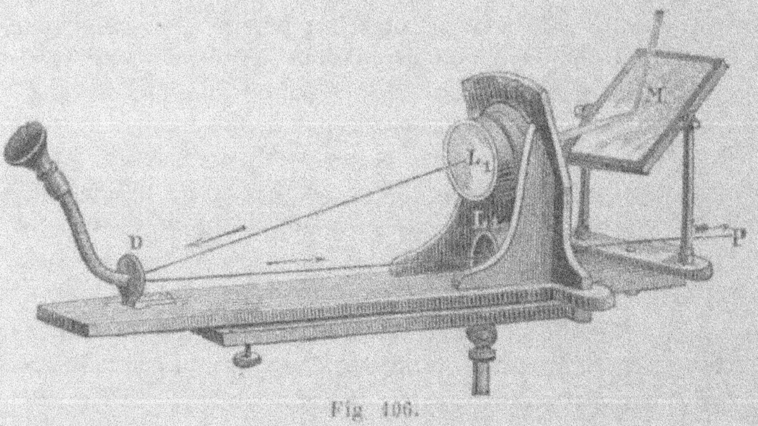

Fig. 106.

ces sons. Un peu plus tard lord Raleigh soumit ce fait à des recherches mathématiques et arriva à conclure que les actions qui peuvent être entendues sont produites par une courbure de la plaque provoquée par un échauffement inégal de ses parties. Cette explication a été récemment contredite par Preece, qui prétend que lors même que des vibrations se produisent dans les plaques par suite de rayons lumineux intermittents, ces vibrations ne sont point la cause des actions résonnantes.

D'après lui, ce sont des ondulations provenant de l'échauffement pulsatoire de l'air provoqué par le

diaphragme, qui produisent les sons. Ce qui amena
Preece à l'hypothèse ingénieuse que nous venons de
citer, c'est qu'ayant soumis la théorie de Raleigh à
une série d'expériences qui échouèrent complètement,
il se vit dans la nécessité de rejeter cette théorie et de
chercher ailleurs l'explication de ce phénomène. Mais
les expériences que Preece n'avaient pu réussir, furent
répétées par Bell avec un succès complet, et elles confirmèrent l'exactitude de l'hypothèse présentée par
Raleigh. Dans un rapport qu'il fit à la *American As-*

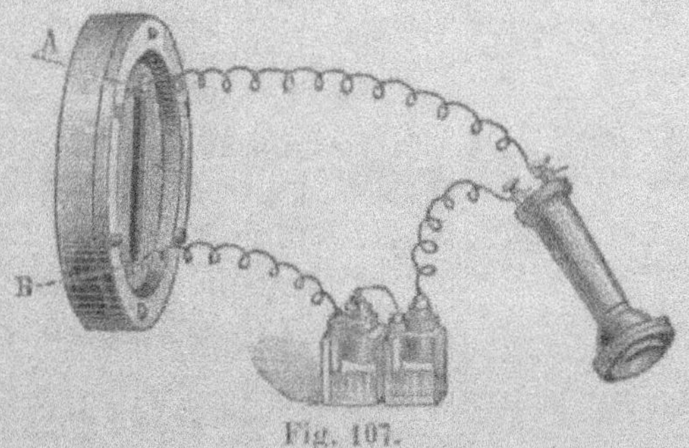

Fig. 107.

sociation for advancement of Science le 27 août 1880,
Bell prouva, en s'appuyant sur les résultats de ces expériences, que les ondes sonores que l'on entend, résultent de la dilatation et de la contraction des matières
exposées à l'action des rayons lumineux et qu'il se
produit véritablement dans le diaphragme des mouvements de va et vient, qui sont en état de produire des
effets sonores. Le motif qui avait fait que les expériences de Preece avait échoué, était que celui-ci employait pour découvrir les ondes sonores, un microphone
très sensible de Hughes (figure 107) et que la surface
vibrante se trouvait réduite au point central du diaphragme. Dans de telles circonstances, il pouvait arriver

facilement que les supports A B du crayon de charbon
microphonique ne touchâssent qu'à des parties du
diaphragme se trouvant pour ainsi dire, à l'état de
repos. Il était de l'intérêt de Bell de déterminer si cette
localisation des vibrations, prévue par lui, se produisait réellement. Cette con-
firmation lui fut donnée à
l'aide de l'appareil représenté figures 108 et 109.

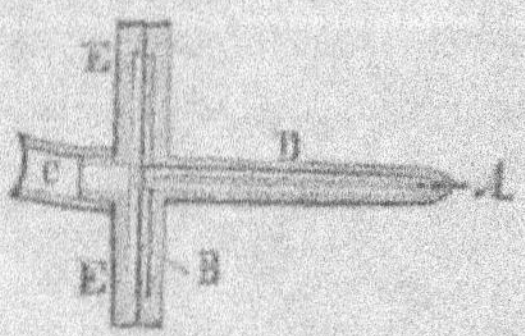

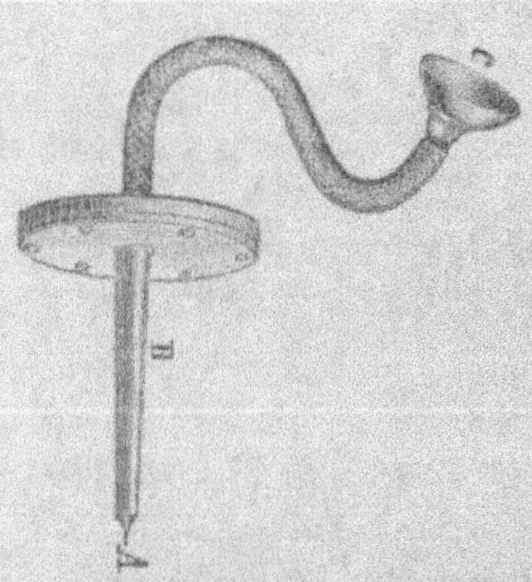

Fig. 108.

Fig. 109.

Cet instrument est une
modification du micro-
phone déjà inventé par
Wheatstone en 1827, et se
compose essentiellement
d'un diaphragme métal-
lique B, figure 108. Dans
la disposition originaire de
Wheatstone on appuyait
le diaphragme directe-
ment contre l'oreille après
avoir mis les bouts libres
du fil en contact avec le
corps résonnant, une
montre par exemple. Dans
la disposition actuelle, le
diaphragme est pris sur sa circonférence entre deux
plaques évidées, comme la membrane d'un téléphone,
et les ondes sonores sont conduites à l'oreille par
un tuyau souple dont l'extrémité libre est armée
du porte-voix c. Le fil A passe par le manche D qui a
la forme d'un tuyau, et son extrémité dépasse le bout
de ce manche. Si l'on tient le bout du fil A sur le centre
d'un diaphragme influencé par un rayon lumineux
intermittent, l'oreille placée contre le porte-voix c entend

un son musical parfaitement clair. La surface du diaphragme influencée par la lumière fut alors examinée
avec le bout de fil A, et l'on put constater que toutes
les parties éclairées résonnaient des deux côtés. En
dehors de la partie éclairée du diaphragme, les sons
allaient toujours en s'affaiblissant de plus en plus jusqu'au moment où à une certaine distance du centre,
ils disparaissaient complètement. Aux parties sur lesquelles étaient fixés les supports du microphone Hughes

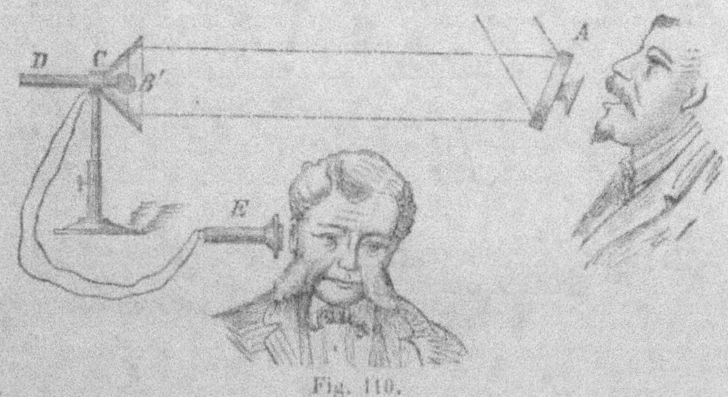

Fig. 110.

(figure 107) le diaphragme ne produisit aucun son. Ces
expériences confirmèrent d'une façon indiscutable l'exactitude de la théorie de Raleigh par rapport aux actions
sonores radiophoniques.

Les figures suivantes représentent encore quelques
appareils thermophoniques ressortissant également du
domaine de la radiophonie.

Les figures 110 et 111 sont des thermophones : dans
la figure 110 A est le transmetteur, qui consiste en un
miroir étamé, parfaitement poli, semblable au transmetteur photophonique de Bell. B' est une boule de fer

creuse, qui forme le pôle de l'aimant D. Cette boule doit être très mince d'épaisseur et recouverte de noir de lampe, afin qu'elle puisse absorber rapidement les rayons calorifiques qui la frappent et les refléter à nouveau. C' est une spirale de fil de cuivre isolé qui entoure l'aimant près du pôle actif, E un téléphone intercalé dans le circuit. Des ondes sonores, de quelque manière qu'elles soient excitées devant le transmetteur

Fig. 111.

A, font que les rayons lumineux et calorifiques réfléchis ondulent à l'unisson avec les ondes sonores; ces rayons ondulatoires de chaleur et de lumière frappent contre le pôle magnétique dans la puissance de la force magnétique B'', et produisent des variations correspondantes qui excitent de nouveau des courants magnéto-électriques dans la bobine C'. Ces courants magnéto-électriques correspondent en durée de temps et en force avec les ondes sonores excitées devant le transmetteur A et reproduisent au moyen du téléphone E le son ou bruit quelconque produit devant le transmetteur.

Le mode de fonctionnement de l'instrument représenté dans la figure 111 est semblable à celui que nous venons de décrire, il n'existe de différence que dans la disposition du transmetteur, qui consiste dans un appareil manométrique à flammes, de construction ordinaire, qui excite dans la pile thermique B^2 des courants électriques qui produisent des actions que l'on peut entendre dans le téléphone E. Quant à ce qui concerne l'appareil manométrique, il faut remarquer qu'il se compose d'une petite caisse sonore A, vers laquelle on dirige du gaz d'éclairage par le tuyau F, tandis que le brûleur réglable B est placé sur une petite caisse devant le miroir concave M. Les autres lettres désignent les mêmes parties que dans la figure 110.

Mercadier a perfectionné le système de la téléradiophonie que nous venons de décrire et en a fait une télégraphie multiplex, ce qui permet d'envoyer en même temps un plus grand nombre de télégrammes par le même fil et même aussi bien de A à B, que de B à A. On dirige à cet effet sur la pile au sélénium plusieurs faisceaux de rayons lumineux, en s'arrangeant pour que chaque faisceau agisse d'une façon intermittente sur un disque particulier, de sorte que les sons téléphoniques produits par chacun de ces disques possèdent chacun une hauteur différente. Si on installe à la station B autant de téléphones qu'il se trouve à la station A de faisceaux lumineux et de disques tournants, et si tous les disques de la station A travaillent en même temps, il se produira dans chaque téléphone de la station B un son composé de tous les sons correspondants à chacun des disques. Mercadier munit alors chaque téléphone d'un résonnateur accordé sur le ton correspondant à celui d'un des

disques de la station A et qui, dans le son composé, •
n'augmente que la force du son qui correspond à son
accord. On n'entend donc dans chaque téléphone distinctement que les signaux transmis par le disque qui
lui correspond, de sorte que chaque disque et chaque
téléphone travaillent comme des appareils réunis
ensemble et indépendants des autres appareils. L'on
peut donc en même temps envoyer sur le même fil de
A à B autant de télégrammes qu'il existe à A de
disques tournants et à B de téléphones. Si l'on munit
les deux stations des deux sortes d'appareils, on peut
également en même temps envoyer des télégrammes de
B vers A.

Ce genre de télégraphie, bien que très intéressant,
ne présente pour le moment aucune valeur pratique.

CHAPITRE VIII

Emploi des appareils téléphoniques et microphoniques à des recherches techniques et scientifiques.

Déjà en 1878 Edison publiait diverses communications intéressantes sur des recherches faites à l'aide de son téléphone à charbon, pour la mesure exacte des faibles pressions. Par suite de la grande sensibilité que possédait l'appareil dont il se servait, il lui donna le nom de microtasimètre.

Le microtasimètre est en général l'instrument le plus sensible pour la mesure des pressions. Il est fondé sur le fait découvert par Edison, que du charbon fin et poreux, du noir de lampe, par exemple, pressé en forme de boule, offre aux courants électriques qui le traversent une résistance qui varie avec la pression la plus légère. Cette sensibilité est si grande, que même un changement de pression dans l'air, d'un millionième de pouce anglais de la colonne de mercure, produit, par suite de la variation dans le courant, une déviation de l'aiguille du galvanomètre, qui (d'après Edison) augmente proportionnellement avec la pression.

Cet instrument est sorti des expériences que fit Edison avec son téléphone pour étudier les changements produits dans les courants électriques par la voix humaine, et on le recommande pour la mesure des changements de température minima; cependant son exactitude à ce sujet est discutable, bien que la sensibilité de l'instrument atteigne au merveilleux.

Edison recommande son microtasimètre pour indiquer les changements de température des diverses parties du spectre solaire, puisque l'on peut opérer sur des parties plus grandes qu'avec la pile thermique employée jusqu'ici à cet usage. En effet l'instrument d'Edison a été occasionnellement employé en Amérique par les astronomes, dans l'observation des éclipses de soleil, pour mesurer la chaleur rayonnante des différentes parties de son atmosphère. Le micro-tasimètre devrait trouver un usage bien plus pratique dans la navigation, car il peut indiquer aux marins l'approche des glaces flottantes. A cet effet l'instrument doit être enfermé dans une caisse imperméable fixée à la quille du navire et réuni avec une batterie électrique constante, renfermant dans son circuit un galvanomètre placé dans un endroit convenable. Installé dans ces conditions, il serait bien possible que, par suite de sa grande sensibilité, l'instrument puisse fournir des indications utiles sur le refroidissement de l'eau produit par l'approche d'une banquise. Nous ne savons cependant pas si cet instrument a déjà été employé à cet usage.

Le microtasimètre peut être très avantageusement utilisé pour indiquer de faibles changements de pression. Sa disposition est représentée par les figures 112 à 114.

La figure 112 nous montre l'aspect total de l'instrument réuni avec une batterie et un galvanomètre. A est un support massif qui ne fait qu'un avec la plaque métallique C du fond et sur lequel se trouve le contact de charbon d'Edison, que nous avons vu figure 48 et qui se compose d'une pastille de charbon F, figure 113

et d'un bouton métallique C; la pastille de charbon F
est placée dans un creux pratiqué dans une plaque

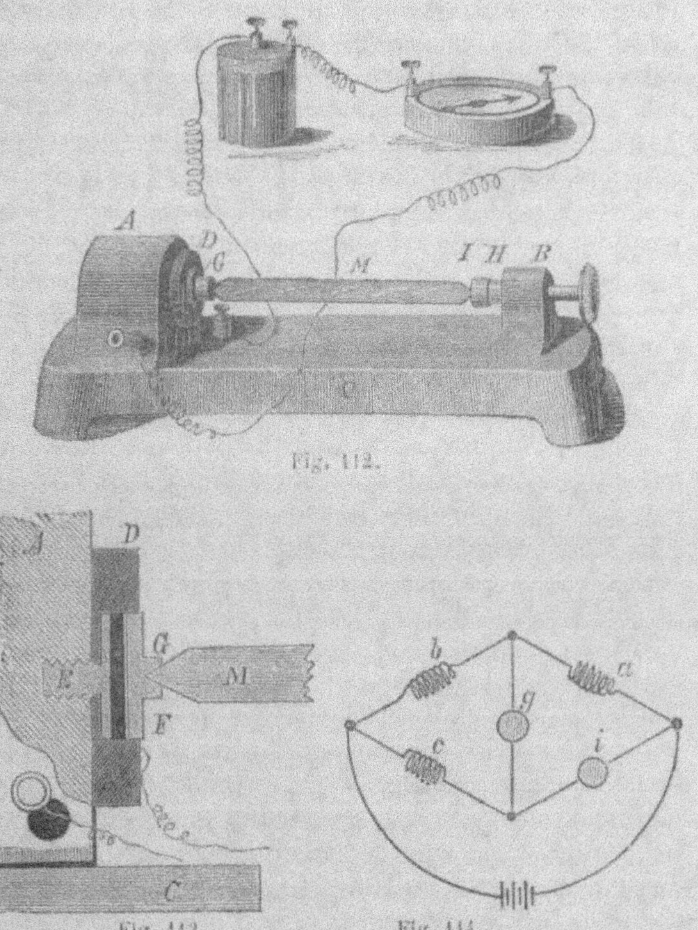

Fig. 112.

Fig. 113.   Fig. 114.

d'ébonite D de sorte qu'elle se trouve en contact avec
la tête platinée de la vis E qui sert à fixer la plaque d'é-

bonite sur le support métallique A. Sur la surface extérieure de la pastille de charbon repose une mince feuille de platine de même dimension, avec laquelle est réunie une des extrémités du circuit qui renferme la batterie et le galvanomètre, tandis que l'autre extrémité est en communication avec le support A. Sur le piédestal C et à peu près à 10 centimètres de distance du support A, se trouve un deuxième support plus petit B par lequel passe une vis H.

Entre le bouton métallique G qui se trouve en communication constante avec la pastille de charbon et la contre-vis H munie d'une allonge I, on place la lame M de la matière à examiner, que l'on a soin de pointer à ses deux extrémités pour qu'elle puisse se tenir dans les creux de l'appareil, comme nous le voyons dans les figures 112-113. La vis H n'est serrée que juste assez pour que l'aiguille du galvanomètre accuse quelques degrés de déviation. Ceci fait, on note la place où l'aiguille s'arrête. Dans cette position de l'appareil, la plus légère compression ou dilatation de la barre M se manifeste par un mouvement correspondant de l'aiguille du galvanomètre.

De cette manière, une petite lame M de caoutchouc durci, fixée sur l'appareil, se montre excessivement sensible, aussitôt que la main s'en approche seulement d'une distance de quelques centimètres ; un galvanomètre ordinaire, accuse déjà une forte déviation. Une petite lame de mica est également influencée et une petite lame de gélatine est, par l'approche d'une bande de papier humecté, aussitôt allongée, comme il est facile de le voir, par la déviation de l'aiguille du galvanomètre.

Pour des expériences plus délicates, on emploie le pont de Wheatstone (représenté figure 114), avec un galvanomètre à miroir de Thompson. Dans la figure 114 on voit au point *i* le tasimètre, au point *g* le galvanomètre, tandis qu'aux points *a b c* sont intercalées des résistances de force égale. Le tasimètre est alors réglé sur une certaine résistance, par exemple sur 10 ohms. Par suite de l'augmentation et de la diminution de la pression exercée sur la pastille de charbon, occasionnées par la dilatation ou la contraction, d'ailleurs inappréciables par tout autre moyen, de la lame M fixée sur le tasimètre, on remarque une déviation du galvanomètre, qui se trouve en rapport certain avec le changement dans la longueur de la lame.

Sitôt après la publication de la découverte d'Arago de l'influence des plaques métalliques tournant sur une aiguille aimantée (1824), et celle non moins importante de Faraday sur l'induction voltaïque et magnétique (1831), il devint évident que les courants d'induction circulant dans une masse métallique pouvaient apporter un concours précieux pour reconnaître la constuction moléculaire de ces corps.

Cette question fut particulièrement étudiée par Babbage, John Herschel et Dove; ce dernier construisit ce qu'on appelle une balance d'induction, dans laquelle deux bobines d'induction séparées, formées chacune d'une spirale primaire et d'une spirale secondaire, sont reliées ensemble, de telle sorte que le courant induit dans l'une des bobines, neutralise le courant d'induction dans la bobine opposée. Cette balance d'induction ainsi établie, est appelée par Dove un Inducteur différentiel.

Dans la disposition des appareils microphoniques construits en vue d'études et de recherches scientifiques par le savant professeur Hughes qui a utilisé cet instrument à l'étude des actions moléculaires, le téléphone a trouvé une application intéressante et surtout importante, et

paraît être en effet le seul moyen avec lequel on puisse
nettement distinguer les réactions moléculaires.

Le téléphone employé pour ces sortes de recherches
sert comme appareil de recherche et de mesure, et
comme appareil d'excitation. Hughes employa la balance
d'induction inventée par Dove, dont la sensibilité est
excessivement grande, en en différant la disposition,
selon l'usage auquel elle doit être employée. Nous allons

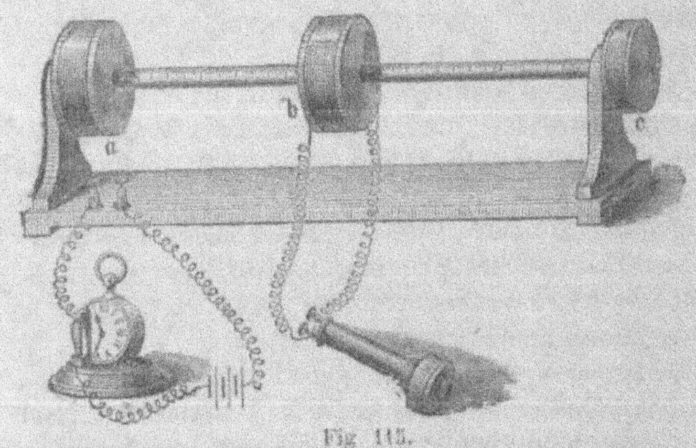

Fig 115.

donc donner une description des appareils les plus
importants connus jusqu'à présent.

L'*Audiomètre* ou *Sonomètre* (figure 115) a pour but
de mesurer avec la plus grande exactitude la finesse de
l'ouïe; il se compose en principe d'une barre graduée
sur laquelle se trouvent trois bobines d'induction. La
première de ces bobines *a* est fixée sur l'extrémité gauche
de la barre, elle se compose d'environ 100 mètres de
fil, tandis que la deuxième bobine *b*, entièrement identique avec la première, se trouve sur le milieu de la
barre, elle est installée de manière à pouvoir glisser

facilement. La troisième bobine *c* de droite, est fixée sur
l'autre extrémité de la barre ; elle est beaucoup plus
petite que les deux autres, car elle n'est enroulée qu'a-
vec un mètre de fil au plus. Les bobines *a* et *c* sont
réunies ensemble de façon à exercer, par suite de leur
différence d'enroulement, des influences opposées et
très inégales, sur la bobine du milieu *b*. Dans le circuit
de cette dernière bobine on intercale un téléphone, tandis que dans le circuit des deux autres bobines on place
une montre et un microphone. Il est facile de comprendre, d'après les indications précédentes, que plus
on approchera la bobine *b* de la bobine *c*, plus les influences différentes des deux bobines *a* et *c* sur la bobine *b* s'égaliseront et produiront un effet moindre sur
le téléphone ; en approchant encore davantage la bobine
b de la bobine *c*, le téléphone demeurera complètement
silencieux. La bobine *b*, se trouve alors au point nul
de l'échelle. Si de ce point de l'échelle, la bobine *b* est
de nouveau reculée avec soin vers la bobine *a*, le téléphone commencera d'abord faiblement, et petit à petit
plus fortement, à reproduire le tictac de la montre réunie avec les bobines *a* et *c* sous l'action du microphone intercalé.

La balance d'induction de Hughes représentée fig. 116
est construite d'après les mêmes principes, mais avec
cette différence qu'une des bobines n'est point dépla-
cée de sa position d'équilibre, comme dans l'audiomètre, mais que les bobines demeurent dans une position fixe et réglée une fois pour toutes.

L'appareil se compose en réalité de deux gobelets
creux cylindriques de bois ou d'ébonite d'à peu près
10 centimètres de hauteur et 3 centimètres de diamètre,
sur lesquels on a appliqué en dehors quatre bagues
étroites qui dépassent, entre lesquelles on a enroulé

environ 150 mètres de fil de cuivre recouvert de soie
(n° 32), de façon à former sur chaque cylindre deux
bobines d'à peu près un demi-centimètre de hauteur.
Ces bobines sont enroulées de façon à ce que les actions
d'induction du circuit voltaïque s'égalisent complètement avec celles du courant secondaire, et que par
suite un téléphone intercalé dans le circuit avec l'appa-

Fig. 116.

reil, comme le représente la figure, ne laisse entendre
aucun son.

Les deux cylindres forment ainsi, pour ainsi dire,
les plateaux de la balance d'induction. Mais si l'on introduit dans l'un des cylindres un morceau de métal
quelconque, par exemple une pièce de monnaie, l'équilibre de la compensation électrique se trouve aussitôt
rompu par suite de la résistance introduite, et le téléphone se met à résonner. Cet instrument est si extra-
ordinairement sensible, que même l'équilibre se trouve
rompu, si l'on introduit dans chacun des gobelets une
pièce d'argent de même valeur, sitôt que l'une de ces

pièces ne possède pas un poids et un alliage exactement semblables à l'autre, de sorte que le téléphone
sert ici non seulement d'indicateur des différences de
poids les plus minimes, mais encore de révélateur des
différences chimiques les plus faibles, qui échappe-
raient même à l'analyse.

Un instrument téléphonique intéressant et nouveau, le chercheur
électrique sous-marin (*Electro-sub-
marine detector*), du capitaine anglais M. Evoy, repose également
sur l'emploi de la balance d'induction.

Déjà dans ses premières expériences avec la balance d'induction,
le professeur Hughes remarqua la
sensibilité extraordinaire de cet appareil, pour révéler la présence des
moindres parties métalliques, sitôt
que l'on en approchait l'une ou
l'autre des spirales d'induction. Les
premiers essais pour l'usage pra-

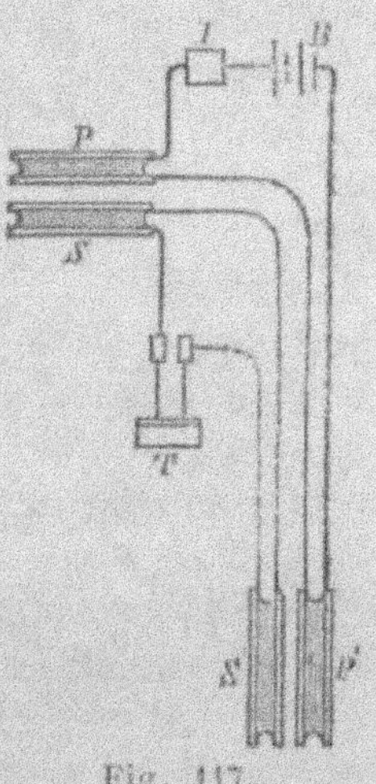

Fig. 117.

tique de la balance d'induction, dans le but de découvrir
des masses métalliques cachées, paraissent avoir été faits
par l'ingénieur civil. J. Munro, qui décrivit en 1880 la
disposition d'une balance d'induction ayant pour objet
la recherche des couches et veines métallifères souterraines. Cet appareil ressemble absolument à la balance
d'induction construite par le professeur Bell, représentée figure 113; un appareil semblable a été également employé à la recherche de la balle qui avait
frappé M. Garfield, président des État-Unis.

La figure 117 représente la disposition du chercheur
sous-marin de M. Evoy, qui rend, dit-on, des services

importants pour la découverte des navires en fer coulés, des torpilles et autres objets métalliques gisant au fond de la mer. PS, et P'S' représentent quatre spirales d'induction qui sont rangées par paires et réunies ensemble par des fils isolés. Les spirales P et P' se trouvent dans le circuit de la batterie B; dans ce circuit se trouve également l'interrupteur I et ces bobines forment ainsi le circuit primaire de l'appareil. Les bobines SS' sont réunies par un téléphone T et forment le circuit secondaire de la balance d'induction. L'interrupteur I peut fonctionner à la main ou produire automatiquement une action continue. Lorsque le circuit primaire est fermé, il passe par les bobines primaires PP' un courant qui induit un courant correspondant dans les bobines secondaires SS'. Ce courant s'entend naturellement dans le téléphone T ; mais par le renversement de l'une des bobines secondaires (par exemple de S'), il se forme, dans cette bobine, par l'action de la bobine primaire correspondante P', un courant opposé qui permet d'égaliser les deux courants d'induction et de rendre le téléphone muet; cet état peut s'obtenir par le nombre égal de spires sur les bobines et le réglage exact de leur distance réciproque. Lorsque la balance d'induction est ainsi amenée à sa situation d'équilibre, on sonde, au moyen des bobines SIP' la partie du fond de la mer où l'on suppose se trouver les masses métalliques, en faisant promener ces bobines sur le fond. Sitôt qu'elles rencontrent des masses métalliques, l'équilibre de la balance d'induction se trouve rompu et le téléphone résonne, annonçant ainsi la découverte de l'objet recherché.

Un emploi, qui n'est point sans importance, du téléphone réuni à la balance d'induction, est la mesure de la torsion et par suite de la tension des arbres des machines. Déjà en 1880, C. Bosio présenta à l'Académie de Paris la description d'une disposition mécanique que cet ingénieur a récemment perfectionnée. L'appareil se compose de deux parties, réunies par un circuit. L'une des parties, fixée à l'arbre qui tourne, forme le transmetteur téléphonique, tandis que l'autre partie, qui peut se placer n'importe où, représente le récepteur.

Le principe sur lequel est basé l'appareil est tout à fait semblable à celui de la figure 117 et en voici l'explication : Lorsque dans un circuit qui renferme une batterie et un interrupteur, deux bobines identiques enroulées l'une à droite, l'autre à gauche, sont intercalées en tension, les courants induits qui seront excités dans deux autres bobines, de même construction et également intercalées en tension dans le circuit d'un téléphone, s'égaliseront, arriveront à zéro, et le téléphone deviendra muet, aussitôt que les bobines mentionnées en dernier se trouveront à une distance du point F égale à celle des bobines primaires mentionnées en premier : par contre, le téléphone résonnera dès qu'il y aura inégalité dans la distance. Pour avoir une idée de l'appareil transmetteur, supposons que l'on place sur l'arbre de la machine une barre métallique raide, de $1^m,5$ à 2 mètres de longueur, parallèlement à l'axe de rotation et qu'on la fixe sur l'arbre par une de ses extrémités, tandis que l'autre porte l'une des bobines primaires. Si l'on place maintenant sur l'arbre et en face de cette bobine primaire, une bobine secondaire à telle distance et de telle manière que son axe se trouve dans la même ligne droite, et que par suite de la torsion de l'arbre dans la partie de sa longueur qui se trouve en face de la barre raide, la bobine primaire se trouve approchée de la bobine secondaire ou en soit éloignée, selon que la torsion se produira vers l'une ou l'autre direction, l'éloignement des deux bobines se trouvera toujours en rapport direct avec le travail fourni par le moteur, qui produit la torsion de l'arbre.

L'appareil récepteur, comme nous l'avons déjà vu, se compose de deux bobines qui sont établies à pareille distance et construites de la même manière que celles du transmetteur. L'une de ces deux bobines peut s'avancer sur une échelle qui permet de la mettre à une certaine distance de l'autre. Si maintenant pendant la marche de l'arbre de la machine on fait glisser cette dernière bobine jusqu'à ce que le téléphone devienne muet, la distance des bobines du transmetteur est égale à celle des bobines du récepteur et l'on peut faire une lecture de l'effet produit, sur une échelle que l'on a eu soin de graduer par des essais antérieurs. Si l'on désigne par L le bras de levier de la force à déterminer K, le travail accompli par chaque tour de l'arbre égale $2 \pi L K$.

CHAPITRE IX

Le phonographe ou l'écriture parlante.

Le *Phonographe*, instrument des plus curieux, inventé par Édison, repose sur ce fait, que les ondes

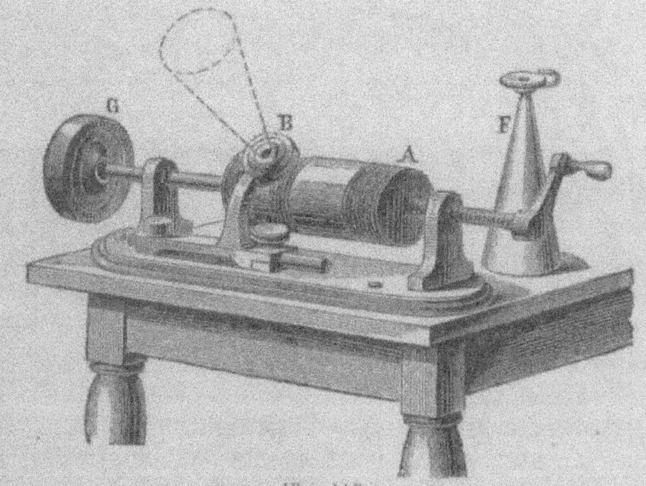

Fig. 118.

sonores excitées par la voix sont fixées plastiquement en une copie durable, qui peut être employée à la reproduction de la voix à un moment voulu.

La figure 118 représente une vue générale de l'appareil et la figure 119 en donne le détail principal.

L'appareil se compose d'un cylindre de laiton A muni
d'un pas de vis très fin, qui repose sur une longue vis
munie du même filet qui sert, à l'aide d'une manivelle,
à mettre ce cylindre en rotation.

Pour rendre la rotation aussi égale que possible, cette
vis porte à son extrémité un petit volant très lourd G. Sur
le côté du cylindre se trouve un piédestal B, avec une
membrane C, qui doit agir aussi bien comme transmetteur que comme récepteur. Au centre de la membrane on place une pointe fine d'acier D, fixée sur
le ressort E, de fa-
çon à reposer par sa
base plate contre la
membrane et à vi-
brer avec elle. Le cy-
lindre A tourné en
forme de spirale, est,
avant de commencer
l'expérience, récou-
vert d'une feuille d'é-
tain, et la pointe

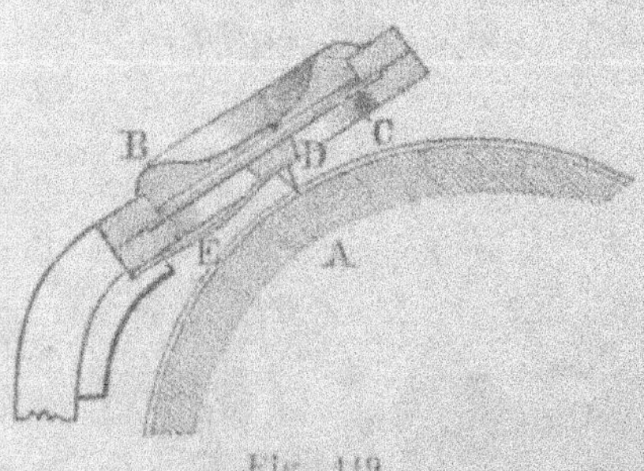

Fig. 119.

d'acier D est posée sur le bout du cylindre dans le filet
de la spirale. On tourne alors la vis de façon à ce que
le cylindre placé dessus se déplace dans le sens de sa
longueur en passant sous la pointe; mais comme le
cylindre n'est pas tenu absolument ferme par la pointe
D, et que par suite de son même filet en forme de
spirale dans laquelle touche la pointe, il ne peut se
déplacer dans le sens de sa hauteur, il prend dans le
sens de sa longueur un mouvement lent de rotation
autour de son axe, correspondant avec celui de la vis,
ce qui permet à la pointe, qui entre en vibrations, de
marquer sur la feuille d'étain qui enveloppe le cylindre,
les ondes sonores produites par la parole. Pour aug-

menter l'action de la voix, et surtout pour aider à la
force de la reproduction qui doit avoir lieu plus tard par
l'instrument, on place au-dessus de la membrane un
porte-voix F relativement grand.

Dans le mode d'action de l'instrument que nous venons de décrire, les ondes sonores s'impriment sur la
surface de la feuille d'étain sous forme de points et de
lignes fines ressemblant à peu près à l'écriture télégraphique Morse. Lorsque la surface du cylindre est ainsi
imprimée par suite de l'action des paroles, chants, sif-
flements, etc., on peut alors, en donnant au cylindre
un mouvement de rotation inverse, reproduire distinctement les paroles, sons et bruits primitifs, car
la pointe se meut maintenant dans le chemin qu'elle
a d'abord parcouru par suite de l'action exercée sur
elle par le ressort; elle suit tous les petits enfonce-
ments qu'elle a imprimés dans la feuille d'étain sous
l'action des ondes sonores, et la membrane qui se
trouve réunie avec cette pointe, entre en des vibrations
identiques aux vibrations excitées primitivement, qui
produisent par suite, dans l'air ambiant, des vibrations
sonores identiques.

L'idée de construire un phonographe n'appartient
point à Edison; elle est d'environ vingt ans plus vieille
que cette invention; déjà avant Edison plusieurs physiciens se sont occupés de la solution de cet intéressant
problème, mais *sans frapper sur la tête du clou*, comme
l'a fait cet Américain pratique. En 1856, Léon Scott in-
venta un instrument, qui est connu parmi les physiciens
sous le nom de Phonautographe, avec lequel, bien que
dans le sens théorique, la possibilité de la solution de
ce problème peut être démontrée. Avec cet appareil, les
vibrations produites par la parole sur une membrane
élastique, peuvent bien être exactement enregistrées;

mais quant à la deuxième fonction par laquelle le phonographe d'Edison a excité l'admiration du monde entier, l'appareil Scott n'est point capable de la produire; il ne peut en effet reproduire la parole par les signes d'écriture enregistrés, puisqu'il ne produit ces signes que sur une surface de métal unie et recouverte de noir de fumée. Malgré cela, Scott réclame le droit de priorité à l'invention d'Édison.

On pourrait plutôt, sous certains rapports, attribuer ce droit au Français Charles Cros qui fit le 30 avril, à l'Académie des Sciences de Paris, une communication dans laquelle il décrivit le principe d'un instrument qui devait servir à la reproduction sonore de sons et de paroles enregistrés au moyen d'un instrument semblable au phonautographe.

D'après les comptes rendus de l'Académie, t. LXXXV, page 107, la réclamation élevée par Cros sur cette découverte contient ce qui suit : « En général mon procédé consiste : à produire le tracé de va-et-vient d'une membrane vibrante, et à se servir de ce tracé pour reproduire les mêmes ondulations, dans leur rapport le plus intime de durée et d'intensité, sur la même ou sur une autre membrane propre à faire entendre les sons ou bruits qui résultent de ces mouvements. Il s'agit pour cela de transformer une sorte d'écriture à dessin extrêmement délicate, comme celle que l'on obtient par le moyen d'une pointe qui glisse sur une surface passée au noir de fumée, en une écriture ayant des creux et des reliefs suffisants pour qu'un corps glissant dessus puisse mettre en vibration la membrane reliée avec lui.

« A cet effet, je rapporte un léger index, par exemple une barbe de plumes, un pinceau à poils, etc. sur le milieu d'une membrane vibrante, et je le mets en contact avec la surface noircie. Cette surface est réunie avec un disque qui peut exécuter un double mouvement, c'est-à-dire un mouvement tournant et en même temps un mouvement en ligne droite. Lorsque la membrane se trouve au repos, l'index ne marque avec sa pointe, sur la surface enfumée, qu'une simple spirale, mais si la membrane subit des vibrations, le dessin de la spirale deviendra ondulatoire, et ces ondulations correspondront en temps et en intensité exactement avec les mouvements de va-et-vient de la membrane.

« Ceci fait, on transforme ce dessin, d'après une méthode photographique bien connue et au moyen de la galvanoplastie, en une plaque métallique ayant des creux et des reliefs, on place cette plaque dans un appareil qui la met en mouvement semblable à celui employé pour l'annotation de la courbe, et dans lequel une pointe de métal, poursuivant la trace de la courbe, agit par un ressort sur une membrane vibrante, et fait de nouveau entendre à l'oreille les sons ou les paroles qui ont servi à tracer ces courbes. En tous les cas, il est préférable de placer la spirale sur un cylindre plutôt que sur une surface plane. »

Dans cette description faite par Cros de l'appareil inventé par lui, on reconnaît les traits de principe du phonographe construit par Edison ; il paraît cependant que Cros n'a jamais exécuté cet appareil, ou qu'il n'en a obtenu aucun résultat pratique.

La patente d'Edison, dans laquelle le principe de son phonographe se trouve indiqué, date du 31 juillet 1877, mais celle-ci n'avait d'autre but que la répétition des signaux Morse. Dans cette patente, Edison décrit un moyen d'enregistrer ces signaux par des impressions produites au moyen d'une pointe sur une bande de papier enroulée autour d'un cylindre, muni à sa surface, d'une fine rainure en forme de spirale. Les creux ainsi produits devaient servir à répéter le même télégramme automatiquement, en faisant passer la bande de papier ainsi préparée sous une pointe, qui agissait sur un interrupteur de courant. Il ne parle encore nullement dans cette description de l'enregistrement de la parole et de sa reproduction, mais comme le fait remarquer le *Telegraphic*, journal américain, du 1ᵉʳ mai 1878, on trouve dans l'appareil déjà inventé par Edison toutes les dispositions nécessaires à la solution de ce double problème; seulement l'idée de cette application n'était point encore venue à son inventeur.

Quelque temps après, Edison eut cette idée, et cela, ainsi que le raconte ce journal, par suite d'un hasard. Pendant ses expériences sur le téléphone, une pointe fixée sur la membrane le piqua très vivement au doigt, au moment où la membrane, sous l'influence de la voix, commençait à vibrer, ce qui porta son attention sur la force de ces vibrations et le fit penser à fixer au moyen de cette pointe sur une surface qui puisse se laisser facilement rayer, les vibrations de la membrane du téléphone, et à avoir ainsi un moyen par lequel une reproduction de ces vibrations pourrait devenir possible à l'aide d'une membrane de téléphone passive. Ceci donna lieu à l'invention pratique du phonographe; et en effet, l'infatigable Edison, cherchant toujours le progrès, avait deux jours après, construit un appareil agissant déjà d'une manière suffisante. Si cette histoire n'est pas vraie, elle est au moins bien trouvée.

En 1878, le phonographe Edison fut breveté en Amérique, et sans aucun doute, la gloire doit en revenir à son constructeur qui a réussi à produire, avec cet appareil, l'une des plus merveilleuses inventions du siècle présent. Le plus curieux de la chose est la grande simplicité d'un appareil capable d'une action aussi compliquée. Des physiciens, même en entendant fonctionner le phonographe, ne pouvaient y croire et étaient convaincus que la ventriloquie était en jeu. Tel fut le cas, lorsque l'appareil fut, le 11 mars 1878, présenté pour la première fois à l'Académie des Sciences de Paris : le représentant d'Edison, M. Puskas, fut accusé de supercherie par plusieurs membres de la docte Académie et traité de ventriloque. Du Moncel dut essayer lui-même l'appareil, et comme, par suite du manque de netteté dans l'articulation des paroles prononcées par ce savant devant l'appareil, celui-ci refusait l'action reproductrice, il y eut une explosion de joie du côté des incrédules. Du Moncel ra conte lui-même cet incident dans son livre *le Microphone*.

Une des actions les plus remarquables du phonographe est la répétition distincte, et simultanée de plusieurs voix ou de voix différentes, de phrases parlées dans différentes langues, que l'on a transmises l'une après l'autre ou l'une sur l'autre sur la surface de la feuille d'étain du cylindre mobile contre la pointe de la membrane vibrante. Théoriquement le phonographe est certainement un instrument très intéressant, et son mode d'action a beaucoup servi à faire progresser l'étude de la formation de la parole humaine : atteindra-t-il une importance pratique ? Ceci est une question à laquelle nous ne pouvons, pour le moment, répondre avec certitude.

FIN

APPENDICE

Le véritable inventeur du téléphone.

Nos lecteurs auront sans doute remarqué au chapitre II de cet ouvrage, que son auteur attribue à l'Allemagne l'invention du téléphone, et il appuie cette assertion sur le contenu d'un rapport que Reis lut en décembre 1861 à la Société de physique de Francfort-sur-Mein.

Le téléphone Reis n'ayant jamais pu reproduire la parole d'une manière convenable, ainsi que le reconnaît lui-même son auteur, ce n'est donc point à Reis qu'il faut attribuer la gloire de cette magnifique découverte, mais à Graham Bell, qui réalisa le premier d'une façon raisonnée et constante la transmission de la parole.

Si, comme le fait fort judicieusement remarquer le regretté M. du Moncel dans un article publié par a *Lumière électrique*, l'on devait rechercher les véritables antériorités basées sur des conceptions, c'est M. Charles Bourseul, fonctionnaire de l'administration télégraphique française, qui devrait être regardé comme le véritable inventeur du téléphone.

Dans une note publiée en 1854, M. Bourseul en effet a décrit les dispositifs qu'on pourrait employer pour obtenir la transmission de la parole, dispositifs qui ressemblent beaucoup à ceux employés aujourd'hui. Mais pour nous le véritable inventeur est celui qui rend pratique une invention, et qui obtient des résultats constants basés sur des principes raisonnés et ne laissant rien à des causes accidentelles et insaisissables comme ont été les résultats obtenus par Reis.

Or pour nous, c'est M. Bell qui a résolu le premier le problème d'une manière pratique et raisonnable, il est donc le véritable inventeur du téléphone. En outre, c'est Bell qui le premier a reconnu le principe servant de base aux effets téléphoniques, et qui a combiné le premier, pour produire les courants ondulatoires et traduire leurs effets par des sons perceptibles à l'oreille, des appareils qui ont pu reproduire distinctement, d'une manière continue et non accidentellement, une conversation. C'est bien lui, quoi qu'en puissent dire tous ceux qui ont intérêt à dire le contraire, qui est le véritable inventeur du téléphone articulant, et M. Reis n'a fait qu'expérimenter le premier l'idée de M. Bourseul.

Si l'on examine maintenant tous les systèmes téléphoniques qui ont été imaginés, il est bien certain qu'il en est beaucoup qui constituent de véritables inventions; mais en somme, on en revient toujours plus ou moins au système primitif de Bell, avec des systèmes magnétiques plus ou moins perfectionnés.

L'invention de Bell était donc, dès l'origine, arrivée à un état de perfectionnement bien rare à rencontrer dans une invention d'une aussi grande nouveauté, et il faut en vérité une grande dose de mauvaise volonté pour vouloir reléguer M. Bell dans la catégorie des inventeurs de second ordre qui ne font que perfectionner les inventions.

Travail des piles Leclanché en service sur le réseau téléphonique de Paris.

Nous empruntons ce qui suit à un recueil de recherches techniques sur les piles et accumulateurs, que vient de publier M. Emile Reynier[1].

La quantité d'énergie dépensée par un poste téléphonique est une valeur utile à connaître. Il m'a paru que cette évaluation pourrait être obtenue aisément, par la pesée des zincs, dans les piles Leclanché, qui desservent les Microphones.

Les expériences ont été faites dans six postes désignés comme étant des plus actifs : ce sont les appareils n°s 27 et 32 du bureau A (avenue de l'Opéra), les deux appareils du Cercle du Louvre, et deux postes d'abonnés.

Les microphones du bureau A sont des *parleurs Edison* à pastille de charbon; chez les abonnés, les microphones sont du système Ader, à dix charbons, formant 20 contacts.

La pile des postes ordinaires se compose de 3 éléments Leclanché, petit modèle à vase poreux; dans les bureaux centraux, on emploie deux piles de trois couples, modèle à deux plaques agglomérées. Les deux piles se relayent en travaillant alternativement une demi-heure chacune.

L'expérience a donc porté sur huit piles de trois couples.

On a préparé avec soin ces 24 éléments : tous les

<hr>

1. *Piles électriques et Accumulateurs. Recherches techniques.* Librairie centrale des Sciences. Paris, 1884.

zincs ont été numérotés et pesés individuellement ; chaque couple a reçu 100 grammes de chlorydrate d'ammoniaque et 400 grammes d'eau ; les charbons ont été garnis à neuf avec du manganèse de bonne qualité.

Après trente jours de service, les couples ont été ramenés au laboratoire de la Société des téléphones, où les zincs ont été pesés de nouveau.

On a aussitôt remarqué des différences fort grandes dans les dépenses des diverses piles, et une concordance satisfaisante dans les consommations des trois zincs d'une même batterie.

La consommation la plus grande a été faite par l'appareil n° 27, desservi par deux piles.

Première pile.

		grammes
1er couple		10,50
2e —		10,50
3e —		11,00
Total	32,00	32,00

Deuxième pile.

1er couple		11,00
2e —		10,50
3e —		11,00
	32,50	32,50
Total		64,50

Le poste ordinaire qui a dépensé le plus est celui de MM. L. et Cie.

		grammes.
1er couple		17,00
2e —		16,50
3e —		15,50
Total		49,00

Le cercle du Louvre a moins consommé.

Pile de la guérite n° 2

		grammes.
1er couple	. . . .	4,50
2e —	. . . .	5,00
3e —	. . . .	5,00
	Total	14,50

L'appareil n° 27 du bureau A, qui a le plus dépensé, est probablement le poste le plus actif de tout le réseau parisien; les pesées qu'il fournit peuvent donc être prises comme base de l'évaluation du plus grand travail des piles à microphone.

On sait qu'un *coulomb* intéresse 0,00034 gramme de zinc, la *quantité* d'électricité débitée pendant trente jours par la double batterie de l'appareil 27 est donc :

$$\frac{64 \text{ gr. } 5}{3 \times 0.00034} = 63235 \text{ coulombs.}$$

Si l'on estime que la somme de fermeture soit de sept heures par jour, l'*intensité moyenne* du courant inducteur serait :

$$\frac{63235 \text{ coulombs}}{30 \text{ jours} \times 7 \text{ heures} \times 3600 \text{ secondes}} = 0,074 \text{ ampère}$$

En admettant que la force électro-motrice *effective* des Leclanché en service soit d'environ 1 volt, le travail total de la double pile serait :

$$63235 \times 3 = 189705 \text{ volt-coulombs ou } \frac{189705}{9,81} = 19357 \text{ k}$$

logrammètres en un mois.

Soit 645 kilogrammètres par 24 heures[1] et 235425 kilogrammes par an.

1. Le régime de travail de la pile serait donc *un quarantième de kilogrammètre par seconde*. — Une lampe Swan de vingt bougies

Ainsi, le travail accompli *pendant une année*, par les piles d'un poste très actif, équivaut à celui d'*un cheval-vapeur pendant cinquante deux minutes*. Je répète qu'il s'agit ici du *travail total* du courant inducteur, dans la pile, le microphone et le circuit primaire. L'évaluation de la quantité du *travail utilisé* dans le téléphone récepteur n'a pas encore été tentée; nous savons seulement que ce travail est fort petit : il est assurément une fraction bien faible du travail total.

Les 3000 postes du réseau téléphonique de Paris, supposés tous aussi actifs que ceux des bureaux centraux, dépenseraient quotidiennement 1935000 kilogram-mètres, soit le travail de *un cheval-vapeur pendant sept heures dix minutes*.

Le trafic téléphonique actuel.

Le nombre des personnes qui apprécient l'intérêt qu'elles ont à se servir du téléphone augmente chaque jour, et dans toutes les villes où le service téléphonique est offert au public à des conditions de prix abordables, la liste des abonnés grossit rapidement.

C'est l'Italie qui, sur le continent, tient la tête avec 7370 abonnés, et cela provient spécialement de ce que le prix des abonnements annuels est meilleur marché que partout ailleurs, presque de moitié.

En France les prix demandés par la Compagnie des Téléphones paralysent un mouvement, qui ne tarderait pas à prendre une grande extension, si les prix de l'abonnement étaient ramenés à des conditions un peu abordables.

dépense 6,25 kgm. par seconde, c'est-à-dire *deux cent cinquante fois plus*.

Voici du reste la statistique des divers réseaux téléphoniques au 31 octobre 1884.

		Nombre des abonnés
Italie. —	Turin	1140
	Milan	1087
	Florence	742
	Bologne	436
	Livourne	317
	Gênes	828
	Venise	190
	Rome	1351
	Naples	644
	Palerme	283
	Messine	124
	Catane	181
	Total	7200
France. —	Paris	3593
	Alger	22
	Bordeaux	322
	Le Havre	198
	Lille	146
	Lyon	563
	Marseille	836
	Nantes	89
	Oran	30
	Rouen	62
	Saint-Pierre-les-Calais	85
	Total	5946
Belgique. —	Bruxelles	631
	Anvers	794
	Charleroi	188
	Gand	318
	Verviers	303
	Total	2234

Grande-Bretagne. — Londres 3350
                  Liverpool-Manchester 2734

                                    Total   6084

L'*Allemagne* compte également un réseau téléphonique important, qui comprend approximativement 6000 abonnés répartis entre 34 villes.

Parmi celles qui comportent le plus grand trafic, on compte :

        Berlin avec. . . . .   1620 abonnés
        Brême   164   —
        Breslau.   446   —
        Cologne   163   —
        Dresde.   255   —
        Francfort-sur-Mein   305   —
        Hambourg   1025   —
        Leipsig   284   —
        Manheim   217   —
        Stettin   167   —

L'exploitation est faite par l'État. Le prix d'abonnement est de 250 fr. pour une distance de 2 kilomètres, avec une taxe supplémentaire de 62 fr. 50 pour chaque kilomètre en plus

En Russie, l'exploitation est faite par la *International Bell Telephone C°*.

Le nombre des abonnés est d'environ 2200 répartis comme suit :

        Saint-Pétersbourg   604
        Moscou   371
        Varsovie.   361
        Odessa   319
        Riga   245
Autres villes.

Il existe en outre un réseau spécial à Helsingfors, exploité par la maison Waden et Cie, qui compte près de 200 abonnés.

Les renseignements que nous possédons sur l'*Autriche* ne nous permettent pas de déterminer exactement l'importance de son réseau téléphonique.

L'exploitation se trouve entre les mains de la *Local Telegraph Gesellschaft* qui n'a pas encore terminé l'installation des diverses villes qu'elle s'est engagée à faire.

Les principaux réseaux établis jusqu'à ce jour sont :

Vienne avec environ. . . .	500 abonnés	
Buda-Pesth	320	—
Trieste	50	—

En *Espagne*, il n'existe actuellement aucun réseau public; il n'y a que Bilbao et Valence qui possèdent des réseaux urbains pour le service des municipalités. A Valence, Carthagène, Sarragosse et Madrid, il existe également quelques lignes destinées exclusivement au service militaire.

Il est question d'établir des réseaux pour le service des particuliers comme dans les autres pays. La construction des lignes et leur exploitation serait entre les mains de l'État qui resterait propriétaire de tout le matériel.

En *Suède*, la *Stockolms Bell Telefon Aktiebolag* compte environ 2,200 abonnés. Le réseau de Stockolm est desservi jour et nuit par trois bureaux centraux qui emploient 60 jeunes filles. Le prix de l'abonnement est de 270 francs par an. Il existe en outre dans les faubourgs des bureaux téléphoniques ouverts au public, où moyennant 0,15 centimes par 5 minutes de conversation on peut causer avec les abonnés du réseau.

En *Turquie*, le service téléphonique comprend trois réseaux affectés exclusivement, l'un au service officiel de l'administration des télégraphes, le second au service de sauvetage de la Mer Noire, enfin le troisième à celui de l'*Eastern Telegraph* et de la Banque Ottomane.

Le développement de ces réseaux n'a du reste qu'une petite étendue et comprend, pour les trois, 38 kilomètres.

En *Serbie*, il n'existe qu'une ligne ayant environ un kilomètre qui relie le Ministère de l'Intérieur avec la Préfecture de Belgrade.

En *Bulgarie*, il n'existe aucune ligne.

Il est difficile de donner le chiffre exact des lignes qui fonctionnent aux *États-Unis d'Amérique*; la multiplicité des compagnies qui exploitent des procédés téléphoniques spéciaux ou certaines parties des États-Unis ne nous a pas permis d'établir cette situation comme nous l'avons fait pour les autres pays, où le service téléphonique se trouve presque partout entre les mains d'une seule compagnie; c'est cependant dans ce pays que l'usage du téléphone est le plus répandu, et les renseignements que nous avons pu recueillir à ce sujet montrent que le nombre des lignes téléphoniques en service aux États-Unis dépasse certainement le total de toutes les lignes établies en Europe.

En fixant à 100,000 le nombre des téléphones fonctionnant en Amérique, on ne doit guère s'écarter du chiffre véritable.

Il faut dire que les compagnies ne cessent d'y faire les plus grands efforts pour donner au public toutes les satisfactions désirables et étendre l'usage des transmissions par téléphone.

Le continent suit l'exemple des Américains, bien qu'avec une certaine lenteur. Ainsi on ne tardera pas à Paris à relier les abonnés des différents réseaux télé-

phoniques avec le réseau télégraphique, ce qui leur permettra de recevoir ou de transmettre directement leurs dépêches.

Quant à la Belgique, c'est elle qui en Europe tient la tête sous le rapport des commodités offertes au public. Depuis le 20 octobre dernier, le service téléphonique est ouvert entre Bruxelles et Anvers; il ne tardera pas à l'être entre les réseaux établis dans les autres villes de la Belgique.

Les taxes sont de 1 franc par 5 minutes de conversation et 1 franc 50 pour 5 à 10 minutes, de 7 heures du matin à 9 heures du soir. Pendant la nuit, les taxes sont respectivement de 2 francs et de 3 francs.

Nous terminerons en disant que non seulement l'Europe et l'Amérique voient augmenter chaque jour leur trafic téléphonique, mais encore que les colonies commencent à prendre une large part à ce mouvement. Parmi celles-ci, ce sont les colonies australasiennes qui tiennent la tête, et bien que les réseaux soient de construction assez récente, leur situation est très prospère.

Dans l'Australie méridionale où le service n'a commencé qu'au mois de mai 1883, on compte 217 abonnés à Adélaïde et 46 à Port-Adélaïde; il y a en plus 156 lignes particulières. Les appareils employés sont le transmetteur Blake et le récepteur Bell, modèle dit *Po-ney-crown*. Le prix de l'abonnement est de 300 francs pour toute distance n'excédant pas 800 mètres, avec augmentation de 32 francs 50 pour chaque quart de mille 400 mètres en plus.

La longueur totale des lignes téléphoniques n'est pas moindre de 1570 kilomètres.

Dans la nouvelle Galles du Sud, le réseau de Sydney compte 260 abonnés. Dans la colonie de Queensland, leur nombre est de 222 à Brisbane, 57 à Maryborough, 42 à Townsville et 31 à Rockampton.

La colonie de Victoria renferme trois réseaux qui comprennent 716 abonnés à Melbourne, 81 à Ballarat et 37 à Sandhurst.

Enfin dans la Nouvelle Zélande, les réseaux de Christchurch, d'Auckland, de Dunedin, de Wellington et d'Invercargill possèdent respectivement 186, 250, 300, 220 et 40 abonnés.

Le détail des réseaux téléphoniques dans les colonies nous entraînerait du reste trop loin, car il n'est pas jusqu'à Honolulu, dans les îles Sandwich, qui ne possède un trafic téléphonique important.

Téléphonie à grandes distances.

L'installation d'une communication téléphonique, quand il n'est question que d'une simple ligne, est aussi facile à établir que celle d'une sonnerie électrique ordinaire, mais elle présente pas mal de difficultés, lorsqu'il s'agit de relier un certain nombre d'habitants d'une même ville et de les mettre en situation de communiquer à volonté les uns avec les autres, d'établir en un mot ce que l'on appelle un *Réseau téléphonique*.

On se trouve ici en présence de deux difficultés principales : distance entre les personnes qui communiquent entre elles, et multiplicité des fils qui servent à les relier. Dans une grande ville comme Paris, la distance entre les abonnés deviendrait si considérable pour certaines lignes qu'elle rendrait toute exécution commercialement impossible, aussi, Paris a-t-il été divisé,

comme nos lecteurs auront pu le voir par la description qui en est donné dans le chapitre VI de ce volume, en un certain nombre de stations, reliées entre elles par un ou plusieurs fils et qui servent à mettre en communication les personnes qui veulent se parler d'un bout de Paris à l'autre, sans qu'il soit nécessaire que la longueur du fil nécessité pour cette communication existe pour chaque abonné, le fil de chaque station le reliant d'une station à l'autre jusqu'au fil propre de l'abonné éloigné qui est lui-même en communication avec la dernière station.

Quant à la multiplicité des fils, elle donne lieu à des inconvénients de deux sortes; si les lignes sont aériennes, elles peuvent communiquer l'une avec l'autre, si elles viennent à se toucher, et même quelquefois par un simple rapprochement, et tout en conversant avec votre agent de change ou votre notaire, vous entendez la conversation de quelque dame avec sa modiste ou sa couturière, qui entendent également la vôtre; bref, c'est la cacophonie, sans compter les bruits dus à l'induction, communément désignés sous le nom de *bruits de friture*, et qui, lorsque les fils téléphoniques passent près de lignes télégraphiques, peuvent devenir assez intenses pour empêcher toute converation et qui sont en tous cas excessivement désagréables.

Le moyen de rémédier à ce défaut, bien qu'il ne le fasse pas disparaître complètement, consiste à avoir un double fil pour chaque ligne et à les éloigner aussi complètement que possible de tout autre fil téléphonique ou télégraphique.

C'est le système qui a été employé à Paris. Nous ne reviendrons par sur sa description qui a été déjà donnée dans le chapitre VI. Paris est la seule ville qui possède un réseau téléphonique souterrain. On a fait en Amé-

rique de nombreux essais pour en installer de semblables, mais l'absence de canalisation d'égouts rend
très difficile ce problème pour lequel on n'a pas encore
trouvé de solution.

Quoiqu'il en soit, que l'on emploie des lignes aériennes
ou souterraines, il est pour ainsi dire impossible de
détruire complètement les bruits causés par l'induction,
surtout sur les lignes à longue distance.

Il existe cependant un procédé dont M. Van Rysselberghe, de Belgique, est l'auteur, qui d'après les expériences qui en ont été faites dans les conditions les
plus diverses, permet non seulement de supprimer tous
les bruits d'induction sur les lignes aériennes ou autres,
mais encore dans les lignes téléphoniques à fil unique
disposées parallèlement aux lignes télégraphiques et sur
les mêmes supports, et même de téléphoner et de télégraphier simultanément par le même fil. Ce système
consistait dans l'origine à éviter la production ou la
suppression brusque du courant télégraphique, en le
graduant convenablement au moyen de résistances intercalées successivement dans le circuit au moment de
la fermeture et retirées successivement au moment de
l'ouverture; cette variation de résistance du circuit
s'obtenait d'une façon automatique par le jeu même du
manipulateur spécialement construit à cet effet.

Ce système avait cependant l'inconvénient de néces-
siter des appareils spéciaux pour la télégraphie; M. Van
Rysselberghe a trouvé un moyen plus simple et aussi
efficace, qui consiste à placer des condensateurs et des
électro-aimants dans le circuit, et il est arrivé à pouvoir
simultanément sur le même fil télégraphier et téléphoner avec la plus grande netteté.

Grâce au système téléphonique Van Rysselberghe, on
peut au moyen du réseau télégraphique de l'État belge

et grâce à la bonne disposition des installations télé-phoniques locales, employer celles-ci à des communi-cations inter-urbaines.

Aussi un pareil service, si fécond en conséquences, ne pouvait manquer d'être appliqué dans le pays, qui, il y a cinquante ans, fut le premier à décréter sur le continent l'établissement des chemins de fer.

Mais si théoriquement la conception de l'inventeur était d'une ingénieuse simplicité, son application pra-tique au réseau télégraphique belge qui, avec un déve-loppement de 29,000 kilomètres de fils, dessert 855 bu-reaux télégraphiques, devait donner lieu à un travail considérable et présenter de grandes difficultés d'exécu-tion.

Il faut en effet remarquer que le système adopté pour télégraphier et téléphoner sur le même fil ne porte pas sur l'emploi de microphones et de téléphones spéciaux.

Bien que les premiers essais de M. Van Rysselberghe aient été faits dans une voie différente, considérant toutes les difficultés qui s'opposeraient à la transforma-tion de tous les appareils existants, il chercha à résoudre le problème, en se posant comme condition absolue la conservation des appareils téléphoniques actuels. Et il y parvint, comme nous l'avons vu plus haut, en annu-lant cette fois l'induction elle-même par une gradation des courants télégraphiques.

Il est donc établi dès à présent, qu'en mettant en œuvre des moyens connus et expérimentés, on peut éta-blir sans difficulté des communications téléphoniques, même internationales, et qu'avec les téléphones et les microphones actuels, la parole peut franchir, sur les fils du télégraphe, et sans les distraire de leur destina-tion actuelle, la distance existant entre les points ex-trêmes de la Belgique.

Des expériences de téléphonie à grande distance se poursuivent du reste dans d'autres pays, et on vient d'en exécuter en Angleterre entre les bureaux de Manchester et de Liverpool. Les résultats de ces essais ont été très satisfaisants, et il est problable que les réseaux téléphoniques de ces deux villes entre lesquelles la distance est de 473 kilomètres, se trouveront prochainement reliés.

Des expériences viennent également d'être faites en Russie sur des distances bien plus considérables encore entre Saint-Pétersbourg et Bologoë (3700 kilomètres environ). Les appareils étaient des transmetteurs Blake et des récepteurs Bell. Malgré une induction assez forte on n'a pu échanger une conversation suivie.

Il est juste de dire que ces expériences ont été faites la nuit, lorsque les lignes télégraphiques ne fonctionnaient pas. On espère, dans des conditions favorablement choisies, arriver à parler sur une distance de 7000 kilomètres.

En supprimant les effets d'induction, on peut même dire qu'il n'y a plus de limite et le jour n'est certainement pas éloigné où l'on pourra causer de Paris au Japon, de Pékin avec Rome, aussi facilement que nous pouvons le faire aujourd'hui entre les Batignolles et Montrouge.

Applications du Téléphone.

Les applications du téléphone sont beaucoup plus nombreuses qu'on n'aurait pu le penser à première vue, et si nous voulions dire seulement quelques mots sur chacune d'elles, il nous faudrait sans doute écrire un nouveau volume aussi gros que celui-ci. Nous nous bornerons donc à décrire une expérience qui a été faite en Belgique, au mois de septembre dernier et l'installation téléphonique du Musée Grévin à Paris.

Expériences de Belgique. Ces expériences ont été faites, au moyen du système Van Rysselberghe, entre le Waux-Hall de Bruxelles et les Gares de Bruxelles et d'Anvers. Six microphones avaient été fixés aux deux petites colonnes du kiosque de l'orchestre de façon à se trouver à la hauteur des instruments de musique. Ils étaient montés en quantité et alimentés par un petit accumulateur. Le courant téléphonique arrivait au bureau central de la Compagnie Belge du Téléphone Bell, de là le circuit était prolongé en double fil jusqu'à la station centrale des télégraphes de Bruxelles-Nord et suivait les conducteurs télégraphiques jusqu'à la station d'Anvers-Est.

Les assistants ont pu entendre, aussi distinctement que s'ils avaient été à cinquante pas des exécutants, les morceaux joués au concert du Parc. Les sons des instruments à cordes arrivaient avec une netteté parfaite, les bois laissaient un peu à désirer, par suite d'un défaut dans l'installation de l'orchestre facile à corriger.

Quoiqu'il en soit le résultat est excellent, surtout si l'on considère que les concerts du Waux-Hall se donnent en plein air et que, pendant la transmission de la musique, les fils fonctionnaient en même temps pour le service des télégrammes entre Anvers et Bruxelles.

Le 5 septembre, on a établi la communication avec Ostende, et de leur chalet, le roi et la reine des Belges ont pu entendre la représentation de l'opéra de *Faust*, qui se donnait au Théâtre de la Monnaie à Bruxelles.

Installation téléphonique du Musée Grévin. — Le Musée Grévin voit, chaque soir, la foule se presser à ses guichets, grâce à l'attrait des auditions électrophoniques. Tout ce qui se dit, se chante, se joue sur trois scènes de la capitale, se concentre dans une des salles du Musée, où le public peut, en fermant les yeux, se croire transporté dans une stalle de ces théâtres.

Les résultats obtenus sont si complets, que nous ne serions pas surpris de voir, cet hiver, nos princes de la finance agrémenter d'auditions électrophoniques de l'Opéra ou de l'Opéra-Comique leurs soirées de gala.

Voici, en quelques lignes, comment les choses se passent pour le Musée Grévin.

48 paires de téléphones sont reliés par trois fils, 16 aux Variétés, 16 aux Nouveautés et 16 à l'Eldorado. Sur chacun de ces trois théâtres, de chaque côté de la scène et un peu en arrière de la rampe, est disposé un électrophone Maiche relié au fil qui conduit au Musée et à la boîte de piles électriques source du courant.

Avec cette disposition, 48 personnes peuvent à la fois prendre part à l'audition dans la salle du boulevard Montmartre, où souvent 2,500 personnes écoutent tour à tour pendant une soirée.

FIN

INDEX

ANGERS, IMP. BURDIN ET Cie, RUE GARNIER